博碩文化

U0077681

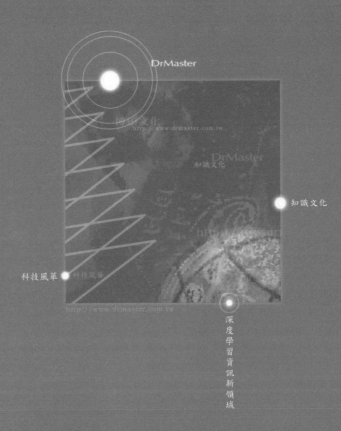

DrMaster

博碩文化
http://www.drmaster.com.tw

DrMaster
知識文化

知識文化

科技風革

http://www.drmaster.com.tw

深度學習資訊新領域

DrMaster

深度學習資訊新領域

 http://www.drmaster.com.tw

iT邦幫忙鐵人賽

博碩文化

新手村逃脫！初心者的
Python 機器學習攻略

第8屆iT邦幫忙鐵人賽
iT邦幫忙鐵人賽
冠軍
iThome

用 Python 程式語言實作機器學習基礎理論
入門書，均衡涵蓋程式套件應用與理論推
透過本書讀者能夠按圖索驥，走出機器學
新手村，成功一轉！

❶ 先使用套件現成類別與函式

❷ 再認識演算方法理論與推導

❸ 最後使用自行定義類別重現

本書提供線上資源下載

郭耀仁 —— 著

本書如有破損或裝訂錯誤，請寄回本公司更換

作　　者：郭耀仁
責任編輯：蔡瓊慧

董 事 長：陳來勝
總 編 輯：陳錦輝
出　　版：博碩文化股份有限公司
地　　址：221新北市汐止區新台五路一段112號10樓A棟
　　　　　電話(02) 2696-2869　傳真(02) 2696-2867

發　　行：博碩文化股份有限公司
郵撥帳號：17484299　　戶名：博碩文化股份有限公司
博碩網站：http://www.drmaster.com.tw
讀者服務信箱：dr26962869@gmail.com
訂購服務專線：(02) 2696-2869 分機 238、519
(週一至週五 09:30～12:00；13:30～17:00)
版　　次：2020 年 08月初版一刷
建議零售價：新台幣500 元
I S B N：978-986-434-507-6
律師顧問：鳴權法律事務所 陳曉鳴律師

國家圖書館出版品預行編目(CIP)資料

新手村逃脫！初心者的 Python 機器學習攻略
/ 郭耀仁著. -- 初版. -- 新北市：博碩文化, 2020.08
　面；　公分. -- (iT 邦幫忙鐵人賽系列書)

ISBN 978-986-434-507-6(平裝)

1.Python(電腦程式語言) 2.機器學習 3.資料探勘

312.32P97　　　　　　　　　　　　　109010489

Printed in Taiwan

歡迎團體訂購，另有優惠，請洽服務專線
(02) 2696-2869 分機 238、519

前言

本書內容

本書內容主要改寫自我在 2017 年（第 8 屆）iT 邦幫忙鐵人賽——《R 語言使用者的 Python 學習筆記》網路系列文章，感謝 iT 邦幫忙舉辦這樣意義非凡的技術文章比賽，第一次參賽就獲得 Big Data 組冠軍的肯定，啟蒙自己對撰寫教學文章的興趣，直至今日；感謝博碩文化的邀稿，讓我有機會能夠重整當年的思緒脈絡。

雖然邀稿緣起於 iT 邦幫忙鐵人賽系列文章，但隨著近年資料科學、機器學習、深度學習與人工智慧的蓬勃發展，時至今日回首文章內容，已顯得左支右絀、難以搬上檯面，老實講，改寫幅度巨大到像是截然不同的一本著作。另外有趣的一點，當年（2017）還是 Python 與 R 雙雄鼎立的年代，也正因為在社群、討論區有太多的文章發問「Python 或 R ？」，才會起心動念以《R 語言使用者的 Python 學習筆記》為題參賽，提出「Why not both?」的論點。然而以撰寫本書的 2020 年這個時間點來說，除非專精資料處理、統計分析的使用者才有理由首選 R，Python 基本上在機器學習、深度學習與人工智慧領域處於一方獨尊的態勢。

這本書從《R 語言使用者的 Python 學習筆記》後段開始改寫，省略了原本 Python 基礎語法、網頁資料擷取（俗稱爬蟲）與 Pandas 的部分，著重在機器學習的章節，並與我在台大資訊系統訓練班的教材整合編修。

我很喜歡的資料科學家 Jeremy Howard 曾經說過，機器學習不好教、不好學的原因在於需要取捨天秤兩端的平衡：程式套件與理論，教學如果偏重其中一方就容易產生學習效果不佳的疑慮。從我個人的觀點來看，像是 Udacity、Kaggle Learn 就是屬於偏重程式套件的例子；而經典的機器學習教科書如 Christopher M. Bishop: Pattern Recognition and Machine Learning、Ian Goodfellow ,Yoshua Bengio, and Aaron Courville: Deep Learning 就是屬於偏向理論的例子。機器學習其中一個哲學稱為「配適」（Fitting），能在程式套件與理論中抓出一個巧妙的平衡，就容易產生較佳的學習效果，而這也是他之所以創辦 fast.ai 的原因之一。

撰寫本書時抱持以平衡配適作為目標，內容兼顧程式套件與理論，希望讓讀者除了懂得使用套件現成的類別與函式，也能捲起袖子，將機器學習的理論與技法透過 NumPy 以及 Python 程式設計自行定義實作正規方程、梯度遞減、羅吉斯迴歸與深度學習的演算方法類別。

If you can code it, you certainly understand it.

本書包含下列幾個章節：

- 關於視覺化與機器學習：淺談機器學習與視覺化

- 數列運算：認識 NumPy

- 資料探索：認識 Matplotlib

- 機器學習入門：認識 Scikit-Learn

- 預測數值的任務：希望讀者除了能夠呼叫 Scikit-Learn 中已經寫好的數值預測器，也能自行定義方程與梯度遞減的類別

- 預測類別的任務：希望讀者除了能夠呼叫 Scikit-Learn 中已經寫好的類別預測器，也能自行定義羅吉斯迴歸的類別

- 表現的評估：認識評估任務表現的指標

- 深度學習入門：認識深度學習與 Keras，希望讀者除了能夠以 Keras 建置基礎的深度學習模型，也能自行定義出具備前向傳播與反向傳播演算方法的類別

如果讀者對於這本書有任何問題，請寫信與我聯絡：
tonykuoyj@gmail.com

本書的目標讀者

這本書從數列運算起始到深度學習入門結尾，目標是希望走一條簡單快捷的小徑，能夠讓對機器學習完全陌生、零基礎的讀者瞭解其入門理論，並具備使用高階套件和自訂類別的實作能力。

- 具備 Python 程式設計基礎，懂得如何定義函式（Functions）與類別（Classes）

- 對於 Python 機器學習套件有興趣

- 對於機器學習入門理論有興趣

- 對於數學式不會感到厭惡

本書所使用的 Python 版本

In [1]:

```
import sys

print(" 本書所使用的 Python 版本為：")
print(sys.version)
```

本書所使用的 Python 版本為：
3.6.8 (v3.6.8:3c6b436a57, Dec 24 2018, 02:04:31)
[GCC 4.2.1 Compatible Apple LLVM 6.0 (clang-600.0.57)]

本書所使用的第三方套件模組版本

In [2]:

```
import requests
import numpy as np
import pandas as pd
import matplotlib as mpl
import sklearn
import tensorflow as tf

library_names = ['requests', 'NumPy', 'Pandas', 'Matplotlib', 'Scikit-Learn',
'TensorFlow']
library_versions = [requests.__version__, np.__version__, pd.__version__,
mpl.__version__, sklearn.__version__, tf.__version__]
for lib_n, lib_v in zip(library_names, library_versions):
    print(" 本書所使用的 {} 版本為 {}".format(lib_n, lib_v))
```

本書所使用的 requests 版本為 2.23.0
本書所使用的 NumPy 版本為 1.18.0
本書所使用的 Pandas 版本為 1.0.0
本書所使用的 Matplotlib 版本為 3.2.0
本書所使用的 Scikit-Learn 版本為 0.22
本書所使用的 TensorFlow 版本為 2.2.0

本書的筆記本

本書使用 Jupyter Notebook 編寫而成，所有的筆記本 .ipynb 與相關檔案都置放於一個可以獨立運行的雲端 Binder（https://mybinder.org/v2/gh/yaojenkuo/ml-newbies/master）之中。

延伸閱讀

1. 郭耀仁：《R 語言使用者的 Python 學習筆記》（http://ithelp.ithome.com.tw/users/20103511/ironman/1077）
2. Jeremy Howard (https://www.fast.ai/about/#jeremy)
3. fast.ai (https://www.fast.ai/)
4. Udacity (https://www.udacity.com/)
5. Coursera (https://www.coursera.org/)

目錄

CHAPTER **3** 資料探索

CHAPTER **4** 機器學習入門

CHAPTER **5** 數值預測的任務

CHAPTER **6**　類別預測的任務

CHAPTER **7**　表現的評估

APPENDIX **A** pyvizml.py

關於視覺化與機器學習

我們先載入這個章節範例程式碼中會使用到的第三方套件、模組或者其中的部分類別、函式。

In [1]:

```
from IPython.display import YouTubeVideo
import numpy as np
import requests
import pandas as pd
import matplotlib.pyplot as plt
from sklearn.linear_model import LinearRegression
from sklearn.linear_model import LogisticRegression
```

1.1 一個資料科學專案

資料科學家面對的專案可能會包含下列這些工作內容：討論需求規格，取得測試資料、載入環境、整理資料、使用視覺化探索資料、利用機器學習模型預測資料、部署專案到正式環境到最後是將專案的洞察以淺顯易懂方式與組織內部其他團隊溝通及分享，而完成整個專案的最主要工具則是程式語言。本書專注於在使用視覺化探索資料、利用機器學習模型預測資料這兩階段。

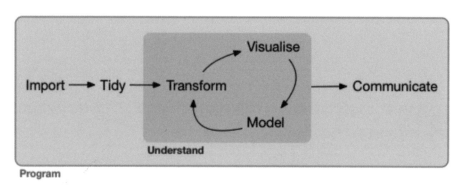

▲ 圖片來源：https://r4ds.had.co.nz/

1.2 何謂視覺化

I know having the data is not enough, I have to show it in a way that people both enjoy and understand.

—— Hans Rosling

視覺化是致力於將抽象性概念具體化的學科，透過圖形中的大小、顏色或形狀等元素把原始資料、函式或方程式等所蘊含的特徵表達給瀏覽的人，進而將抽象的資訊轉換為溝通對象能快速掌握理解的精簡內容。我們日常工作中時常聽到的資訊圖表（Infographics）、商業智慧（Business Intelligence）以及儀表板（Dashboard）都是視覺化的應用場景。

有效的視覺化具有資訊豐富卻能簡單理解的特性，我們可以從資料科學生態圈中為眾人朗朗上口的兩個經典案例：「拿破崙征俄戰爭」與「兩百年四分鐘」，感受他們如何將龐雜資訊轉換為易懂的視覺化。

1. **拿破崙征俄戰爭**：法國土木工程師 Charles Minard 使用一種前所未見的帶狀圖來描繪拿破崙的軍隊從波蘭前進至俄羅斯邊界在特定地理位置的軍隊規模，在一個圖形上涵蓋七個資料特徵：軍隊人數、行軍距離、溫度、經度、緯度、行進方向以及特定日期，讀者可以一目瞭然 1812 年征俄戰爭中拿破崙軍隊的慘烈戰況。這樣外觀的帶狀圖在後來被稱為 Sankey 圖，以發明者 Matthew Henry Phineas Riall Sankey 作為命名，特別用來描述數量的流動與多寡。

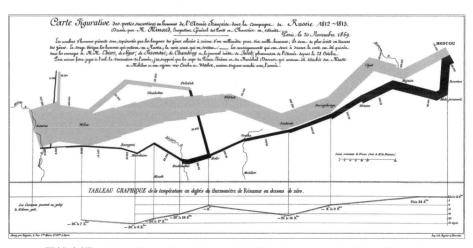

▲ 圖片來源：https://en.wikipedia.org/wiki/Charles_Joseph_Minard#/media/File:Minard.png

2. **兩百年四分鐘**：瑞典公衛教授 Hans Rosling 使用氣泡圖搭配動畫僅花費四分鐘和觀眾說明全世界超過兩百個國家在近兩百年中財富與健康程度的消長趨勢，在一個圖形上涵蓋五個資料特徵：人均國內生產總值、人均預期壽命、人口數、洲別、年份，觀眾可以一目瞭然在綠能、和平、貿易與科技的助瀾下，長期世界國家的發展趨勢是往富裕且健康的方向前進。

In [2]:

```
YouTubeVideo('Z8t4k0Q8e8Y', width=640, height=360)
```

Out [1]:

▲ 圖片來源：https://youtu.be/jbkSRLYSojo

1.3 為何視覺化

在日常面對抽象性概念（包含原始資料、函式或數學式）的時候，我們往往很難一眼就觀察出資料的特徵，因此利用視覺化協助探索性分析與成果溝通是極為有效的作法。接下來將針對原始資料、函式與數學式分別作圖，讀者可以比較視覺化前後的觀感與理解，藉此體驗為何在一個資料科學專案中視覺化是極為有效的工具。

1.3.1 原始資料

利用 np.random.normal(size=10000) 建立 10,000 筆符合標準常態分配的隨機數，假若單純將這些隨機數印出，幾乎不太能觀察出它們具備了標準常態分配這樣的特性。

In [3]:	arr = np.random.normal(size=10000) arr
Out [3]:	array([0.28763377, -0.12276065, 0.34811166, ..., 1.85008303, -0.05646011, 0.94117921])

若是將這些隨機數以直方圖（histogram）描繪，從鐘型外觀以及中心座落的位置，很快就觀察到它們具備了近似標準常態分配的特性（鐘型、以 0 為中心、約有 67% 的數值介於 -1 與 1 之間）。

In [4]:

```
fig = plt.figure()
ax = plt.axes()
ax.hist(arr, bins = 50)
plt.show()
```

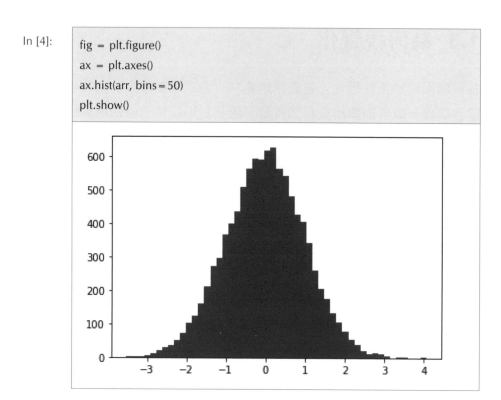

1.3.2 函式

單純將使用 np.linspace() 與 np.log() 所建立的 p 與 $-log(1-p)$、$-log(p)$ 印出，同樣也不太容易很快地觀察出這是其中一個描述對式損失的函式。對數損失函式在分類模型扮演重要的角色，後續章節會再細談。

In [5]:

```
eps = 1e-06 # epsilon, 一個很微小的數字避免 0 輸入 log 函式後產生無限大
p = np.linspace(0 + eps, 1 - eps, 10000)
log_loss_0 = -np.log(1-p)
log_loss_1 = -np.log(p)
print(p)
print(log_loss_0)
print(log_loss_1)
```

```
[1.00000000e-06 1.01009801e-04 2.01019602e-04 ... 9.99798980e-01
 9.99898990e-01 9.99999000e-01]
[1.00000050e-06 1.01014903e-04 2.01039809e-04 ... 8.51210813e+00
 9.20029301e+00 1.38155106e+01]
[1.38155106e+01 9.20029301e+00 8.51210813e+00 ... 2.01039809e-04
 1.01014903e-04 1.00000050e-06]
```

若是將 p 與 $-log(1-p)$、$-log(p)$ 以線圖（line）描繪，很快就能觀察到這個對數損失函式的設計，是希望在 $y_{true} = 0$ 時，當 p 離 1 愈近的時候對數損失愈大，反之當 p 離 0 愈近的時候對數損失愈小；在 $y_{true} = 1$ 時，當 p 離 0 愈近的時候，對數損失愈大，反之當 p 離 1 愈近的時候，對數損失愈小；這樣的特性讓對數損失函式被用來二元分類的誤差函式。

In [6]:

```
fig = plt.figure()
ax = plt.axes()
ax.plot(p, log_loss_0, label = '$y_{true} = 0$')
ax.plot(p, log_loss_1, label = '$y_{true} = 1$')
ax.legend()
plt.show()
```

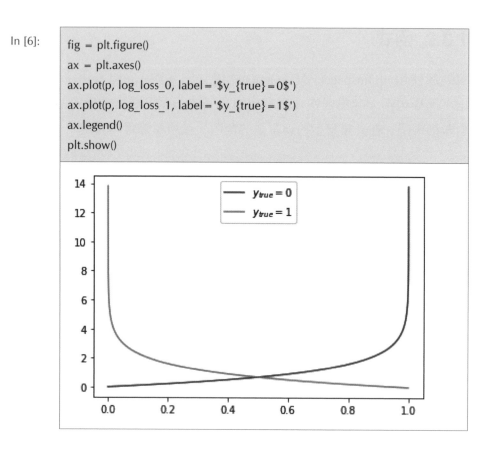

1.3.3 數學式

以 Sigmoid 的數學式定義為例，單純撰寫出來同樣很難觀察輸入 x 與輸出 $f(x)$ 的對應關係，Sigmoid 函式在分類模型同樣扮演重要的角色，在後續章節會再細談。

$$f(x) = \frac{1}{1 + e^{-x}} \qquad (1.1)$$

若是將 x 與 $f(x)$ 以線圖（line）描繪，很快就能觀察到，Sigmoid 函式能夠將介於正負無限大之間的輸入 x 映射到 0 與 1 之間；因而被用來作為將迴歸模型的輸出轉換為機率延伸為分類模型的前置步驟。

In [7]:
```
x = np.linspace(-6, 6, 1000)
fx = 1 / (1 + np.exp(-x))
fig = plt.figure()
ax = plt.axes()
ax.plot(x, fx)
plt.show()
```

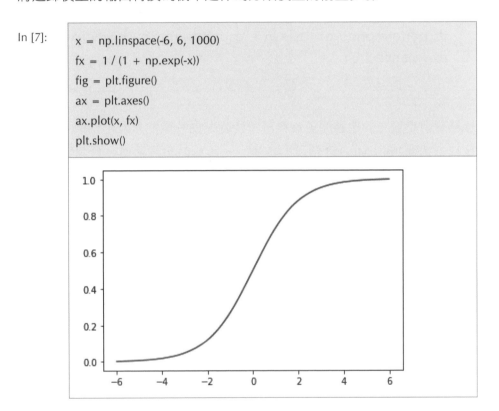

從前述對原始資料、函式與數學式的視覺化前後比較，相信讀者已經能夠理解，為何視覺化在資料科學專案中扮演如此吃重的角色。

1.4 何謂機器學習

A computer program is said to learn from experience E with respect to some class of tasks T and performance measure P if its performance at tasks in T, as measured by P, improves with experience E.

—— Tom Mitchel

機器學習是致力於透過歷史資料將預測或挖掘特徵能力內化於電腦程式的學科，透過 Tom Mitchel 精準的定義，一段具備預測數值、預測類別或挖掘特徵的電腦程式，也就是我們日常俗稱的「模型」，應該符合「三個要素」、「一個但書」的特性。其中，三個要素依序為資料（Experience）、任務（Task）與評估（Performance）；一個但書（Condition）則為隨著歷史資料觀測值數量增加，在其他條件不變前提下模型的表現應該要變得更優秀，也就是預測的誤差降低、挖掘資料特徵的能力提升。

機器學習的理念是**假設**有一個 f 函式能夠完美描述特徵矩陣 X 與目標向量 y 的關係。

$$y = f(X) \tag{1.2}$$

基於對 f 的未知，我們從已經實現的歷史資料 $X^{(train)}$ 與 $y^{(train)}$ 之中找出 $h(X;w)$ 用來模擬 f。

$$\hat{y} = h(X;w) \tag{1.3}$$

由於 $h(X;w)$ 有無限多種可能性，於是將根據 $y^{(train)}$ 與 $\hat{y}^{(train)}$ 的差異程度來決定如何從有限選擇範圍內的 H 中，選擇差異程度最小的 $h^*(X;w)$。

$$H = \{h_1(X;w), h_2(X;w), ..., h_n(X;w)\} \tag{1.4}$$

假若目標向量是連續的數值型態,選擇的依據是取能讓均方誤差最小的 $h^*(X;w)$,其中 m 代表觀測值筆數。

$$Minimize \ \frac{1}{m} \sum_i (y_i^{(train)} - \hat{y}_i^{(train)})^2 \tag{1.5}$$

假若目標向量是離散的類別型態,選擇的依據是取能讓誤分類數總和最小的 $h^*(X;w)$。

$$Minimize \ \sum_i \mid y_i^{(train)} \neq \hat{y}_i^{(train)} \mid \tag{1.6}$$

舉例來說,我們可以利用電腦程式對一組 NBA 籃球員的身高與體重資料進行學習,然後去對另外一組僅有身高資訊的 NBA 籃球員進行體重的預測。在這個簡短的例子中,任務(Task)是一組僅有身高資訊的 NBA 籃球員進行體重預測;資料(Experience)是另一組有身高以及體重資訊的 NBA 籃球員;評估(Performance)則是預測體重與真實體重的誤差,隨著資料筆數的增加,誤差會變得更小,那麼這個電腦程式就具備了機器學習的特性。

假如我們利用電腦程式對一組隨機生成的自然數與是否為質數的標籤資料進行學習,然後去對另外一組隨機生成但不具備標籤的資料進行是否為質數的預測,由於質數的判定可以用規則撰寫:只要該自然數的因數個數為 2 就是質數,在這樣的任務設定下評估永遠都是零誤差,不管用來學習的資料筆數增加多少,也不能再降低已經完美零誤差的評估,那麼這個電腦程式就「不具備」機器學習的特性。

機器學習粗分為監督式與非監督式學習，並再細分監督式學習成為迴歸以及分類：

- 監督式學習：訓練資料中具備已實現的數值或標籤
  - 迴歸：數值預測的任務
  - 分類：類別預測的任務
- 非監督式學習：訓練資料中「不」具備已實現的數值或標籤

1.5 pyvizml 模組

在探討為何需要機器學習之前，我們需要先定義類別 CreateNBAData 協助演繹示例，這個類別主要的功能是由 data.nba.net 擷取資料；本書 CreateNBAData 類別會貫串全場，為了之後使用便利，將它用一個名為 pyvizml 的模組封裝起來，後續如果還要使用它，就可以用 from MODULE import CLASS 的指令載入。

```
from pyvizml import CreateNBAData
```

其他在書中我們自行定義的類別，也都一併收錄在 pyvizml 模組中，在附錄 A 可以檢視每個自定義類別的完整程式碼。

In [8]:

```python
class CreateNBAData:
    """
    This class scrapes NBA.com offical api: data.nba.net.
    See https://data.nba.net/10s/prod/v1/today.json
    Args:
        season_year (int): Use the first year to specify season, e.g. specify 2019
for the 2019-2020 season.
    """
    def __init__(self, season_year):
        self._season_year = str(season_year)
    def create_players_df(self):
        """
        This function returns the DataFrame of player information.
        """
        request_url = "https://data.nba.net/prod/v1/{}/players.json".format(self._
season_year)
        resp_dict = requests.get(request_url).json()
        players_list = resp_dict['league']['standard']
        players_list_dict = []
        print("Creating players df...")
        for p in players_list:
            player_dict = {}
            for k, v in p.items():
                if isinstance(v, str) or isinstance(v, bool):
                    player_dict[k] = v
            players_list_dict.append(player_dict)
        df = pd.DataFrame(players_list_dict)
        filtered_df = df[(df['isActive']) & (df['heightMeters'] != '')]
        filtered_df = filtered_df.reset_index(drop=True)
        self._person_ids = filtered_df['personId'].values
        return filtered_df
```

```python
def create_stats_df(self):
    """
    This function returns the DataFrame of player career statistics.
    """
    self.create_players_df()
    career_summaries = []
    print("Creating player stats df...")
    for pid in self._person_ids:
        request_url = "https://data.nba.net/prod/v1/{}/players/{}_profile.json".format(self._season_year, pid)
        response = requests.get(request_url)
        profile_json = response.json()
        career_summary = profile_json['league']['standard']['stats']['careerSummary']
        career_summaries.append(career_summary)
    stats_df = pd.DataFrame(career_summaries)
    stats_df.insert(0, 'personId', self._person_ids)
    return stats_df
def create_player_stats_df(self):
    """
    This function returns the DataFrame merged from players_df and stats_df.
    """
    players = self.create_players_df()
    stats = self.create_stats_df()
    player_stats = pd.merge(players, stats, left_on='personId', right_on='personId')
    return player_stats
```

CreateNBAData 需要傳入參數球季年份進行初始化，舉例我們要擷取的若是 2019-2020 球季，初始化類別就輸入 2019。這個類別定義了三個方法，create_players_df() 會回傳球員資料框、create_stats_df() 會回傳球員生涯攻守統計資料框、create_player_stats_df() 則會將球員資料框與球員生涯攻守統計資料框內部聯結（Inner join）後回傳。其中 create_stats_df() 與 create_player_stats_df() 兩個方法因為要對 data.nba.net 發出數百次的 HTTP 請求，等待時間會較長，要請讀者耐心等候。

In [9]:
```
cnd = CreateNBAData(2019)
player_stats = cnd.create_player_stats_df()
```
```
Creating players df...
Creating players df...
Creating player stats df...
```

1.6 為何機器學習

使用程式解決工作、學業上所遭遇的問題是很直觀的，通常是碰到必須大量運算的事情，這時我們會透過程式提供的功能，包含迴圈、函式或類別，來撰寫規則實踐規模化與自動化。那麼在什麼特定場合需要運用機器學習呢？簡單來説，就是不容易用語言描述出來的邏輯、難以撰寫規則的數值預測或類別預測任務，以下我們舉出一些簡單的例子來說明哪些問題能用語言描述邏輯、撰寫規則，哪些問題不容易用語言描述邏輯、撰寫規則。

1.6.1 判斷質數

判斷一個正整數是否為質數有一個明確且能夠描述的邏輯：找出這個正整數所有的因數，假如個數為 2，亦即 1 與正整數自身，那麼就可以判斷為質數；反之如果所有因數的個數不為 2（1 個因數或者超過 2 個），那麼就判斷不為質數。假如解決問題的邏輯清晰且可以用語言描述，我們可以將這個邏輯想像成為一個函式 f，將問題輸入它就可以獲得解答 $f(x)$。

In [10]:
```python
def f(x):
    """
    判斷輸入 x 是否為質數，是質數則輸出 1，否則輸出 0
    """
    n_divisors = 0
    for i in range(1, x + 1):
        if x % i == 0:
            n_divisors += 1
        if n_divisors > 2:
            break
    return int(n_divisors == 2)
print(bool(f(1))) # 非質數
print(bool(f(2))) # 質數
print(bool(f(3))) # 質數
```

```
False
True
True
```

1.6.2 數值預測：球員的體重為何？

給定一位 NBA 球員的身高來預測他的體重，這個問題並沒有一個明確且能夠描述的邏輯，相反地，可能有為數甚多的手段來達成，例如用所有球員的平均 BMI 反推，或者以差不多身高的球員平均體重做為答案；這時我們想像有一個函式 f 能夠完美解決問題，但是定義不出來，於是假設另一個函式 h 和 f 很相似但不盡相同，將問題輸入它可以獲得解答 $h(x)$，但由於 h 畢竟不是 f，因此這個解答是有誤差的，而機器學習演算法的目標，就是盡可能讓誤差減小、讓 h 愈加逼近 f。

In [11]:
```
X = player_stats['heightMeters'].values.reshape(-1, 1)
y = player_stats['weightKilograms'].values
lr = LinearRegression()
h = lr.fit(X, y)
print(h.predict(np.array([[1.90]]))[0]) # 預測身高 190 公分 NBA 球員的體重
print(h.predict(np.array([[1.98]]))[0]) # 預測身高 198 公分 NBA 球員的體重
print(h.predict(np.array([[2.03]]))[0]) # 預測身高 203 公分 NBA 球員的體重
```
```
89.89882199692715
97.66998879805146
102.52696804875413
```

1.6.3 類別預測：球員的鋒衛位置為何？

給定一位 NBA 球員的生涯場均助攻與場均籃板來預測他的鋒衛位置，這個問題同樣沒有一個明確且能夠描述的邏輯；我們同樣想像有一個函式 f 能夠完美解決問題，但是定義不出來，於是假設另一個函式 h 和 f 很相似但不盡相同，將問題輸入它可以獲得解答 $h(x)$，但由於 h 畢竟不是 f，因此這個解答是有誤差的。

In [12]:
```python
unique_pos = player_stats['pos'].unique()
pos_dict = {i: p for i, p in enumerate(unique_pos)}
pos_dict_reversed = {v: k for k, v in pos_dict.items()}
print(pos_dict)
print(pos_dict_reversed)
```

```
{0: 'G', 1: 'C', 2: 'C-F', 3: 'F-C', 4: 'F', 5: 'F-G', 6: 'G-F'}
{'G': 0, 'C': 1, 'C-F': 2, 'F-C': 3, 'F': 4, 'F-G': 5, 'G-F': 6}
```

In [13]:
```python
X = player_stats[['apg', 'rpg']]
pos = player_stats['pos'].map(pos_dict_reversed)
y = pos.values
logit = LogisticRegression()
h = logit.fit(X, y)
print(pos_dict[h.predict(np.array([[5, 5]]))[0]]) # 預測場均助攻 5 場均籃板 5 的 NBA 球員鋒衛位置
print(pos_dict[h.predict(np.array([[5, 10]]))[0]]) # 預測場均助攻 5 場均籃板 10 的 NBA 球員鋒衛位置
print(pos_dict[h.predict(np.array([[5, 15]]))[0]]) # 預測場均助攻 5 場均籃板 15 的 NBA 球員鋒衛位置
```

```
G
F
C
```

經由前述判斷質數、數值預測和類別預測的簡單舉例，相信讀者已經能夠理解「能否」使用清晰且可以語言描述的邏輯作為判斷、預測準則，是資料科學專案是否採用機器學習方法的一個常見準則。

截至目前為止我們還沒有開始認識 NumPy、Matplotlib 或者 Scikit-Learn 套件，但是為了更妥善地說明，在範例程式碼中已經先引用了這些第三方套件所提供類別或函式，假如讀者目前對這些部分感到困惑，可待讀過數列運算、資料探索與機器學習入門等本書後面的章節，再回來複習。

1.7 延伸閱讀

1. Garrett Grolemund, Hadley Wickham: R for Data Science (https://r4ds.had.co.nz/)

2. Hans Rosling (https://en.wikipedia.org/wiki/Hans_Rosling)

3. Charles Minard (https://en.wikipedia.org/wiki/Charles_Joseph_Minard)

4. Matthew Henry Phineas Riall Sankey (https://en.wikipedia.org/wiki/Matthew_Henry_Phineas_Riall_Sankey)

5. Hans Rosling: 200 years in 4 minutes - BBC News (https://youtu.be/jbkSRLYSojo)

6. Tom M. Mitchell (https://en.wikipedia.org/wiki/Tom_M._Mitchell)

7. Normal distribution (https://en.wikipedia.org/wiki/Normal_distribution)

8. data.nba.net (https://data.nba.net/10s/prod/v1/today.json)

2

數列運算

我們先載入這個章節範例程式碼中會使用到的第三方套件、模組或者其中的部分類別、函式。

In [1]:
```python
import numpy as np
import matplotlib.pyplot as plt
```

2.1 關於 NumPy

NumPy 是 Numerical Python 的縮寫，是 Python 使用者用來實踐向量化（Vectorization）、科學計算與資料科學的套件，也是我們進行「運算數值」的主角，資料科學團隊使用 NumPy 所提供一種稱為 ndarray 的資料結構來儲存並運算數值陣列、與標準套件 random 相輔相成的 numpy.random 來處理隨機性以及 numpy.linalg 來處理線性代數中一些繁複的運算。透過 ndarray 的數值陣列幾乎能夠面對任意的資料來源，包括實驗資料、圖像（表示像素亮度的二維數值陣列）或者音訊（表示強度與時間軸的一維數值陣列。）熟悉 ndarray 的操作對於以 Python 應用資料科學的使用者來說是必要的前提，也扮演著理解機器學習理論的基石，如果能夠自信地操作二維數值陣列（即矩陣 Matrix）以及三維數值陣列（即張量 Tensor），將更容易理解高階機器學習框架究竟在封裝起來的函式、方法中提供了哪些功能給使用者，進而更有效率作超參數的調校。 我們可以在執行 Python 的載入指令（import）後印出 NumPy 的版本號來確認環境中是否安裝了 NumPy 可供使用。

In [2]:

```
print(np.__version__)
```

```
1.18.0
```

假若得到的回應是：

```
Traceback (most recent call last):
  File "<stdin>", line 1, in <module>
ModuleNotFoundError: No module named 'numpy'
```

表示目前所處的 Python 環境沒有安裝 NumPy，這時要切換回命令列安裝。

```
# 在命令列執行
pip install numpy
```

2.2 為何 NumPy

模組、套件的開發多半起源於某些痛點，就如同創新產品的問世一般；具體來說，Python 原生 list 的什麼特性讓科學計算使用者覺得有些麻煩呢？歸根究底就是 list 具備儲存異質資料型態的特性。

In [3]:
```
heterogeneous_list = [5566, 55.66, True, False, '5566']
for i in heterogeneous_list:
    print(type(i))
```
```
<class 'int'>
<class 'float'>
<class 'bool'>
<class 'bool'>
<class 'str'>
```

list 中每個元素都是一個完整的 Python 物件，具備各自的類別與數值資訊，這使得它計算同質資料在效能、語法複雜度付出代價，我們需要透過迭代將裡面的物件一一取出後運算。

```
In [4]:    homogeneous_list = [1, 2, 3, 4, 5]
           [i**2 for i in homogeneous_list]
```

```
Out [4]:   [1, 4, 9, 16, 25]
```

NumPy 的 ndarray 與 list 的最大不同在於同質資料型態的特性，在計算時的效能和語法更快速與簡潔。

```
In [5]:    arr = np.array([1, 2, 3, 4, 5])
           arr**2
```

```
Out [5]:   array([ 1,  4,  9, 16, 25])
```

ndarray 在同質數值陣列計算的便利性相較原生 list 具有絕對的優勢，接著我們來瞭解如何建立 ndarray 以及 NumPy 的標準資料型態。

2.3 如何建立 ndarray

建立 ndarray 的方法有二種：一是使用 np.array() 將既有的 list 轉換成為 ndarray。

```
In [6]:    homogeneous_list = [1, 2, 3, 4, 5]
           type(homogeneous_list)
```

```
Out [6]:   list
```

| In [7]: | ```python
arr = np.array(homogeneous_list)
print(type(arr))
print(arr)
print(arr.dtype)
``` |
|---|---|
| | ```
<class 'numpy.ndarray'>
[1 2 3 4 5]
int64
``` |

np.array() 可以搭配 dtype 參數指定資料型態，可以傳入下列常見的資料型態：

- int：整數型態
- float：浮點數型態
- bool：布林型態

| In [8]: | ```python
homogeneous_list = [1, 2, 3, 4, 5]
arr = np.array(homogeneous_list, dtype=int)
arr.dtype
``` |
|---|---|
| Out [8]: | dtype('int64') |

| In [9]: | ```python
arr = np.array(homogeneous_list, dtype=float)
arr.dtype
``` |
|---|---|
| Out [9]: | dtype('float64') |

第二種建立 ndarray 的方式是利用 NumPy 的多樣化函式，同樣可以搭配 dtype 參數，常用的建立函式有：

- np.zeros(shape)：建立指定外觀充滿 0 的數值陣列
- np.ones(shape)：建立指定外觀充滿 1 的數值陣列
- np.full(shape, fill_value)：建立指定外觀充滿 fill_value 的數值陣列

In [10]:
```
np.zeros(5, dtype＝int) # 外觀為 (5,)
```
Out [10]:
```
array([0, 0, 0, 0, 0])
```

In [11]:
```
np.ones((2, 2), dtype＝float) # 外觀為 (2, 2)
```
Out [11]:
```
array([[1., 1.],
       [1., 1.]])
```

In [12]:
```
np.full((2, 2), 5566, dtype＝int) # 外觀為 (2, 2)
```
Out [12]:
```
array([[5566, 5566],
       [5566, 5566]])
```

假如需要等差、均勻間隔的數列，則可以使用下列函式：

- np.arange(start, stop, step)：建立從 start（包含）間隔 step 至 stop（不包含）的等差數列，使用方式同內建函式 range()
- np.linspace(start, stop, num)：建立從 start（包含）至 stop（包含）的均勻切割為 num 個資料點的數值陣列

In [13]:
```
np.arange(1, 10, 2)
```
Out [13]:
```
array([1, 3, 5, 7, 9])
```

In [14]:	np.linspace(1, 9, 5, dtype = int)
Out [14]:	array([1, 3, 5, 7, 9])

最後,如果需要隨機數所組合成的數值陣列,則可以使用 numpy.random 中的函式:

- np.random.random(size):建立指定外觀介於 0, 1 之間、並符合均勻分布的數值陣列
- np.random.normal(loc, scale, size):建立指定外觀以 loc 為平均數、scale 為標準差常態分布的數值陣列
- np.random.randint(low, high, size):建立指定外觀於 low(包含)到 high(不包含)之間隨機抽樣之正整數的數值陣列

In [15]:
```
uniform_arr = np.random.random(10000)
normal_arr = np.random.normal(0, 1, 10000)
randint_arr = np.random.randint(1, 7, size = 6)
print(uniform_arr)
print(normal_arr)
print(randint_arr)
```
```
[0.07888432 0.85680097 0.59827821 ... 0.57373442 0.51850271
 0.92199587]
[ 1.2202809  -0.42494108  0.09156555 ... -0.40549757  1.43683747
 -1.45461075]
[1 6 5 5 4 6]
```

這時又可以呼應「為何視覺化」一節中我們提到的,觀察原始資料對於理解其分配特性幾乎沒有幫助,需要仰賴直方圖(histogram)才能挖掘

出分配的特徵。截至目前為止我們還沒有開始認識 Matplotlib，但是為了更妥善地說明，在範例程式碼中已經先引用了 Matplotlib 所提供類別或函式，假如讀者目前對這部分感到困惑，可待讀過資料探索等本書後面的章節，再回來複習。

In [16]:
```python
fig = plt.figure()
ax = plt.axes()
ax.hist(uniform_arr, bins=30)
plt.show()
```

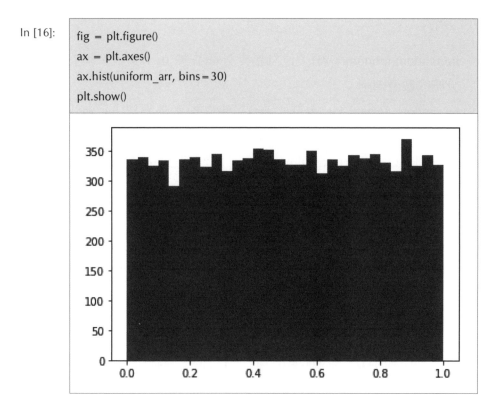

In [17]:
```
fig = plt.figure()
ax = plt.axes()
ax.hist(normal_arr, bins = 30)
plt.show()
```

Out [17]:

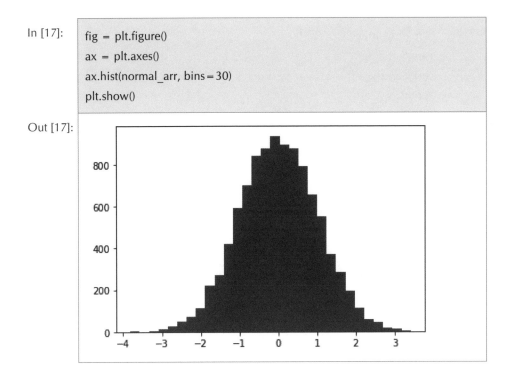

2.4 常用的 ndarray 屬性

ndarray 較常被用到的屬性有：

- arr.ndim：檢視 arr 有幾個維度
- arr.shape：檢視 arr 的外型
- arr.size：檢視 arr 的資料筆數，對一維陣列的意涵就像內建函式 len() 作用在 list 上一般
- arr.dtype：檢視 arr 中同質資料的型態

In [18]:
```
arr = np.array([5, 5, 6, 6])
print(arr.ndim)
print(arr.shape)
print(arr.size)
print(arr.dtype)
```
```
1
(4,)
4
int64
```

2.5 純量、向量、矩陣與張量

我們會依照不同需求來建立不同維度的數值陣列，而這些不同維度的數值陣列各自專屬的暱稱：

- 純量：泛指沒有維度的數值
- 向量：泛指具有一個維度的數值陣列，我常喜歡用「吐司條」來比喻讓它更具體些
- 矩陣：泛指具有兩個維度的數值陣列，我常喜歡用「一片吐司」來比喻讓它更具體些
- 張量：泛指三個維度以及超過三個維度的數值陣列，我常喜歡用「多片吐司」來比喻讓它更具體些

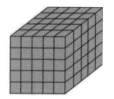

▲ 圖片來源：https://dev.to/juancarlospaco/tensors-for-busy-people-315k

In [19]:
```
scalar = np.array(5566)
print(scalar)
print(scalar.ndim)
print(scalar.shape)
```
```
5566
0
()
```

In [20]:
```
# 吐司條
vector = np.array([5, 5, 6, 6])
print(vector)
print(vector.ndim)
print(vector.shape)
```
```
[5 5 6 6]
1
(4,)
```

In [21]:
```
# 一片 2x2 的吐司
matrix = np.array([5, 5, 6, 6]).reshape(2, 2)
print(matrix)
print(matrix.ndim)
print(matrix.shape)
```
```
[[5 5]
 [6 6]]
2
(2, 2)
```

In [22]:
```python
# 三片 2x2 的吐司
tensor = np.array([5, 5, 6, 6]*3).reshape(3, 2, 2)
print(tensor)
print(tensor.ndim)
print(tensor.shape)
```

```
[[[5 5]
  [6 6]]

 [[5 5]
  [6 6]]

 [[5 5]
  [6 6]]]
3
(3, 2, 2)
```

NumPy 有非常豐富的內建函式可以協助我們進行常用的向量與矩陣計算。運用 np.eye() 可以建立單位矩陣（Identity matrix），函式命名是取 I 的諧音。

In [23]:
```python
I = np.eye(matrix.shape[0], dtype=int)
I
```

Out [23]:
```
array([[1, 0],
       [0, 1]])
```

運用 np.dot() 可以進行向量內積與矩陣相乘。

In [24]:
```python
np.dot(vector, vector)
```

Out [24]:
```
122
```

In [25]:
```
print(np.dot(matrix, I))
print(np.dot(I, matrix))
```
```
[[5 5]
 [6 6]]
[[5 5]
 [6 6]]
```

In [26]:
```
np.dot(matrix, matrix)
```
Out [26]:
```
array([[55, 55],
       [66, 66]])
```

運用 np.transpose() 或者 arr.T 可以進行轉置,將外觀 (m, n) 矩陣轉換為 (n, m),列與欄的元素互換。

In [27]:
```
matrix = np.arange(6).reshape(2, 3)
print(matrix)
print(np.transpose(matrix))
print(matrix.T)
```
```
[[0 1 2]
 [3 4 5]]
[[0 3]
 [1 4]
 [2 5]]
[[0 3]
 [1 4]
 [2 5]]
```

運用 np.linalg.inv() 可以求解反矩陣，反矩陣在矩陣運算中扮演的角色就像「倒數」在四則運算中一般，例如四則運算中我們想要求解 x 會在等號左右兩側都乘 a 的倒數。

$$ax = b \tag{2.1}$$

$$\frac{1}{a}ax = \frac{1}{a}b \tag{2.2}$$

$$x = \frac{b}{a} \tag{2.3}$$

如果在矩陣運算中想要求解 X，那麼就在等號左右兩側都乘上 A 的反矩陣 A^{-1}。

$$AX = B \tag{2.4}$$

$$A^{-1}AX = A^{-1}B \tag{2.5}$$

$$X = A^{-1}B \tag{2.6}$$

In [28]:
```python
A = np.array([1, 2, 3, 4]).reshape(2, 2)
B = np.array([5, 6, 7, 8]).reshape(2, 2)
A_inv = np.linalg.inv(A)
X = np.dot(A_inv, B)
X
```

Out [28]:
```
array([[-3., -4.],
       [ 4.,  5.]])
```

2.6 ndarray 的索引

從 ndarray 中取出單個資料值的方式與 list 相同，使用 [INDEX] 取值，索引值同樣由左至右從 0 算起，由右至左從 -1 算起，在參數命名上稱呼最左邊為起始（start）、最右邊為終止（stop）。

In [29]:
```
arr = np.array([55, 66, 56, 5566])
print("From start to stop:")
print(arr[0])
print(arr[1])
print(arr[2])
print(arr[arr.size - 1])
print("From stop to start:")
print(arr[-1])
print(arr[-2])
print(arr[-3])
print(arr[-arr.size])
```
```
From start to stop:
55
66
56
5566
From stop to start:
5566
56
66
55
```

面對二維以上的陣列，ndarray 支援使用 [i, j, ...] 的方式取出位於第 i 列（row）、第 j 欄（column）... 的資料。

In [30]:
```
np.random.seed(42)
arr = np.random.randint(1, 10, size=(3, 4))
print(arr)
print(arr[1, 1])  # 3 located at (1, 1)
print(arr[2, -3]) # 4 located at (2, -3)
```

```
[[7 4 8 5]
 [7 3 7 8]
 [5 4 8 8]]
3
4
```

2.7 ndarray 的切割

從 ndarray 中取出多個資料值的方式與 list 相同，使用 [start:stop:step] 取出陣列的片段，如果沒有指定 start 預設值 0、stop 預設值 arr.size 意即最右邊、step 預設值 1；有趣的設定是當 step 為 -1 時候的效果為反轉數列。

In [31]:
```
arr = np.arange(10, 20)
print(arr[::])  # 三個參數都預設值
print(arr[::2]) # step = 2
print(arr[:5])  # stop = 5, 不包含
print(arr[5:])  # start = 5, 包含
print(arr[::-1]) # step = -1, 反轉
```

```
[10 11 12 13 14 15 16 17 18 19]
[10 12 14 16 18]
[10 11 12 13 14]
[15 16 17 18 19]
[19 18 17 16 15 14 13 12 11 10]
```

2.8 ndarray 特別的索引

除了與 list 相同支援 [INDEX] 與 [start:stop:step] 的索引、切割方式，
ndarray 額外支援兩種資料科學家熱愛的索引寫法：

- 華麗索引（Fancy Indexing）
- 布林索引（Boolean Indexing）

華麗索引（Fancy Indexing）指的是以陣列傳入不規則的索引值選取資料
值，不用遷就 [start:stop:step] 所生成的規則索引陣列。

In [32]:
```
np.random.seed(0)
arr = np.random.randint(1, 100, size=(10,))
odd_indices = [0, 2, 8]
print(arr)
print(arr[odd_indices])
```
```
[45 48 65 68 68 10 84 22 37 88]
[45 65 37]
```

布林索引（Boolean Indexing）指的是以外觀相同的陣列傳入布林值，將
位置為 True 的資料篩選出來。

In [33]:
```
is_odd = [True, False, True, False, False, False, False, False, True, False]
print(arr)
print(arr[is_odd])
```
```
[45 48 65 68 68 10 84 22 37 88]
[45 65 37]
```

其中外觀相同的布林值陣列 is_odd 因為能透過 ndarray 的向量化特性搭配判斷條件輕鬆產生，因此這通常是資料科學家最喜歡使用的切割、篩選方式。

In [34]:
```
is_odd = arr % 2 == 1
print(is_odd)
print(arr)
print(arr[is_odd])
```

```
[ True False  True False False False False False  True False]
[45 48 65 68 68 10 84 22 37 88]
[45 65 37]
```

2.9 重塑外觀

並不是所有建立 ndarray 的函式都可以指定外觀 (m, n, ...)，這時我們需要在初始化之後調整其外觀，常用方法有：

- reshape(m, n, ...)
- ravel()

運用方法 arr.reshape(m, n, ...) 將數值陣列 arr 重塑成運算所需要的外觀。

In [35]:
```
arr = np.arange(1, 10)
print(arr)
print(arr.shape)
print(arr.reshape(3, 3))
print(arr.reshape(3, 3).shape)
```

```
[1 2 3 4 5 6 7 8 9]
(9,)
[[1 2 3]
 [4 5 6]
 [7 8 9]]
(3, 3)
```

重塑時需要指定 (m, n, ...) 外觀，更便捷的寫法是將其餘 ndim — 1 個維度指定好，再傳最後一個維度是 -1，ndarray 會自行計算最後一個維度的值；例如將長度為 9 的數值陣列 arr 重塑成 (3, 3) 外觀時可以寫作 arr.reshape(3, -1) 或者 arr.reshape(-1, 3)。

In [36]:
```
arr = np.arange(1, 10)
print(arr.reshape(3, -1))
print(arr.reshape(-1, 3))
```
```
[[1 2 3]
 [4 5 6]
 [7 8 9]]
[[1 2 3]
 [4 5 6]
 [7 8 9]]
```

在矩陣相乘運算的應用場景中，我們常需要將一維的數值陣列重塑成二維的欄（尚未轉置的向量 v）或者二維的列（已轉置的向量 v^T），這時就可以善用 arr.reshape(1, -1) 或 arr.reshape(-1, 1)。

In [37]:
```
arr = np.arange(1, 4)
print(arr.reshape(-1, 1)) # 重塑成二維的欄
print(arr.reshape(1, -1)) # 重塑成二維的列
```

```
[[1]
 [2]
 [3]]
[[1 2 3]]
```

運用方法 ravel() 可以將外觀為 (m, n, ...) 的數值陣列調整回一維。

In [38]:
```
arr = np.arange(1, 10).reshape(3, 3)
print(arr.shape)
print(arr.ndim)
print(arr.ravel().shape)
print(arr.ravel().ndim)
```

```
(3, 3)
2
(9,)
1
```

2.10 複製陣列

ndarray 有一個重要的預設特性為「不複製」，不論在切割或重新宣告的情境中都是建立陣列的 View，而非複製另一個陣列，這代表著對以 View 存在的子陣列（Sub-array）更新會改動到原始陣列。例如將 arr 的 View mat 之中的 5 更新為 5566，會一併更新 arr 的 5 為 5566。

In [39]:
```
arr = np.arange(1, 10)
mat = arr.reshape(3, 3)
mat[1, 1] = 5566
print(mat)
print(arr)
```
```
[[   1    2    3]
 [   4 5566    6]
 [   7    8    9]]
[   1    2    3    4 5566    6    7    8    9]
```

我們若希望實踐陣列的複製，可以運用其 copy() 方法，如此一來 mat 之中的 5 更新為 5566，並不會影響到 arr 中的 5。

In [40]:
```
arr = np.arange(1, 10)
mat = arr.copy()
mat = mat.reshape(3, 3)
mat[1, 1] = 5566
print(mat)
print(arr)
```
```
[[   1    2    3]
 [   4 5566    6]
 [   7    8    9]]
[1 2 3 4 5 6 7 8 9]
```

2.11 合併陣列

很多 NumPy 的函式都有提供 axis 參數能夠讓使用者在進行這些操作時能夠輕鬆地應用在列（row）或欄（column）等不同維度上，瞭解 axis 參數可以有效幫助使用者處理陣列，我們能夠運用 np.concatenate([arr0, arr1, ...], axis) 將多個陣列依照 axis 參數的方向進行合併，當 axis 為預設值 0 的時候效果為垂直合併、當 axis=1 的時候效果為水平合併。

In [41]:
```python
arr_a = np.arange(1, 5).reshape(2, 2)
arr_b = np.arange(5, 9).reshape(2, 2)
print(np.concatenate([arr_a, arr_b]))        # 預設 axis = 0
print(np.concatenate([arr_a, arr_b], axis = 1)) # axis = 1
```
```
[[1 2]
 [3 4]
 [5 6]
 [7 8]]
[[1 2 5 6]
 [3 4 7 8]]
```

2.12 通用函式

NumPy 之所以被譽為 Python 資料科學應用的基石，就是因為能透過通用函式（Universal function）實踐其他科學計算語言內建的向量化（Vectorization）功能，通用函式的作用是針對數值陣列中每個數值進行相同的運算，效率會高於使用迭代語法。我們可以在 Jupyter Notebook 中使

用 %timeit 得知若想以迭代對一百萬筆隨機整數進行「倒數」的運算要花
多少時間。

In [42]:
```
long_arr = np.random.randint(1, 101, size=1000000)
%timeit [1/i for i in long_arr]
```

416 ms ± 49.5 ms per loop (mean ± std. dev. of 7 runs, 1 loop each)

較為緩慢的原因是在每次迭代計算倒數時，Python 首先檢查物件類型再
呼叫用於該類型的正確運算（在這個例子中為倒數運算）。而使用 ndarray
的通用函式，就像是利用已經編譯過的程式並且對固定物件類型計算，
無需再檢查，運算的效率較高。

In [43]:
```
long_arr = np.random.randint(1, 101, size=1000000)
%timeit np.divide(1, long_arr)
```

1.61 ms ± 256 μs per loop (mean ± std. dev. of 7 runs, 1000 loops each)

基礎的通用函式與純量的數值運算符不謀而合，可依使用者的喜好選擇
通用函式或者運算符：

- np.add()：同 + 運算符
- np.subtract()：同 - 運算符
- np.multiply()：同 * 運算符
- np.divide()：同 / 運算符
- np.power()：同 ** 運算符
- np.floor_divide()：同 // 運算符
- np.mod()：同 % 運算符

In [44]:
```python
# 以 np.power 作為一個簡單示範
arr = np.arange(9)
print(arr)
print(arr**2)
print(np.power(arr, 2))
```

```
[0 1 2 3 4 5 6 7 8]
[ 0  1  4  9 16 25 36 49 64]
[ 0  1  4  9 16 25 36 49 64]
```

假如希望對數值陣列應用之通用函式是為自己的需求量身訂製，這時可以定義後以 np.vectorize() 轉換為一個通用函式，例如可以判斷一個輸入是否為質數，我們想轉換成通用函式藉此判斷數值陣列中哪些為質數。

In [45]:
```python
def is_prime(x):
    div_cnt = 0
    for i in range(1, x + 1):
        if x % i == 0:
            div_cnt += 1
        if div_cnt > 2:
            break
    return div_cnt == 2

is_prime_ufunc = np.vectorize(is_prime)
arr = np.arange(1, 12)
print(" 是否為質數：")
```

```python
print(is_prime_ufunc(arr))
```

```
是否為質數：
[False  True  True False  True False  True False False False  True]
```

2.13 聚合函式

面對一筆陌生的數值資料,資料科學家會採取描述性統計探索這筆資料,例如平均值、標準差、總和、中位數、最小值、最大值、眾數或分位數等,能夠將長度超過 1 的數值陣列匯總為一個或少數幾個摘要統計指標,被泛稱為聚合函式(Aggregate functions)。通用與聚合函式最大的差異就在於輸入與輸出的數值陣列長度,不同於通用函式,聚合函式所輸出的數值陣列多數僅有長度 1,或遠小於輸入數值陣列的長度。 基礎的 NumPy 聚合函式可以應用於獲得數值陣列的各種描述性統計,我們不需要一一詳細討論如何使用,只需要注意兩個特性:

1. 能沿指定維度聚合
2. 多數具有可運算遺漏值的相對應函式

「能沿指定維度聚合」的特性意指在面對具有多個維度的數值陣列時,可以指定應用在某一個維度,舉例來說面對有兩個維度 (m, n) 的矩陣時可以單純應用 np.sum() 將整個矩陣中的數值加總,將得到一個輸出;如果指定 axis=0 則是將矩陣中的每欄(column)分別加總,將得到 n 個輸出、指定 axis=1 則是將矩陣中的每列(row)分別加總,將得到 m 個輸出。

In [46]:
```
mat = np.arange(1, 16).reshape(3, 5)
print(np.sum(mat))          # 1 個輸出
print(np.sum(mat, axis = 0)) # 5 個輸出
print(np.sum(mat, axis = 1)) # 3 個輸出
```

```
120
[18 21 24 27 30]
[15 40 65]
```

「多數具有可運算遺漏值的相對應函式」的特性意指在面對具有 np.NaN 遺漏值的陣列時，原型聚合函式會回傳 np.NaN，這時可以採用相對應之可計算遺漏值函式運算，將會忽略 np.NaN ，傳回其餘數值的摘要。

In [47]:
```
arr = np.arange(1, 16, dtype=float)
arr[-1] = np.NaN
print(arr)
print(np.sum(arr))
print(np.nansum(arr))
```
```
[ 1.  2.  3.  4.  5.  6.  7.  8.  9. 10. 11. 12. 13. 14. nan]
nan
105.0
```

常用聚合函式與 nan 對應有：

- np.sum() 與 np.nansum()

- np.prod() 與 np.nanprod()

- np.mean() 與 np.nanmean()

- np.median() 與 np.nanmedian()

- np.std() 與 np.nanstd()

- np.var() 與 np.nanvar()

- np.min() 與 np.nanmin()

- np.max() 與 np.nanmax()

- np.argmin() 與 np.nanargmin()

• np.argmax() 與 np.nanargmax()

我們建立一個外觀 (10, 2) 的矩陣來示範其中一個聚合函式 np.argmax() 的使用方法。

In [48]:
```
np.random.seed(42)
arr_0 = np.random.random((10, 1))
arr_1 = 1 - arr_0
arr = np.concatenate([arr_0, arr_1], axis=1)
arr
```

Out [48]:
```
array([[0.37454012, 0.62545988],
       [0.95071431, 0.04928569],
       [0.73199394, 0.26800606],
       [0.59865848, 0.40134152],
       [0.15601864, 0.84398136],
       [0.15599452, 0.84400548],
       [0.05808361, 0.94191639],
       [0.86617615, 0.13382385],
       [0.60111501, 0.39888499],
       [0.70807258, 0.29192742]])
```

In [49]:
```
np.argmax(arr, axis=0) # 矩陣中的每欄最大值所處的列數
```

Out [49]:
```
array([1, 6])
```

In [50]:
```
np.argmax(arr, axis=1) # 矩陣中的每列最大值所處的欄數
```

Out [50]:
```
array([1, 0, 0, 0, 1, 1, 1, 0, 0, 0])
```

2.14 延伸閱讀

1. NumPy: Learn (https://numpy.org/learn/)
2. Introduction to NumPy. In: Jake VanderPlas, Python Data Science Handbook (https://jakevdp.github.io/PythonDataScienceHandbook/02.00-introduction-to-numpy.html)

3

資料探索

我們先載入這個章節範例程式碼中會使用到的第三方套件、模組或者其中的部分類別、函式。

In [1]:
```
import os
import numpy as np
import matplotlib as mpl
import matplotlib.pyplot as plt
from matplotlib.font_manager import FontProperties
from tensorflow.keras import datasets
```

3.1 關於 Matplotlib

Matplotlib 是 Python 實踐資料視覺化的核心套件，建構於 NumPy 所提供的 ndarray 陣列類別與 SciPy 框架之上，於 2002 年由 John Hunter 構思出作為 IPython 的一環，以類似 Matlab 的語法和樣式來作圖，Matplotlib 套件在 2003 年發佈 0.1.0 版，它相當幸運地在早期階段就被哈伯太空望遠鏡團隊採用作為繪圖軟體，也因為獲得了強而有力的財務支援，在功能和規模開展的過程顯得相當順遂。Matplotlib 主打強項是支援多種主流作業系統、繪圖後端引擎與輸出格式，這使得它成為軟體工程師或資料分析師的生態圈中不可或缺的第三方套件。我們可以執行 Python 的載入指令（import）後印出 Matplotlib 的版本號來確認環境中是否安裝了 Matplotlib 可供使用。

In [2]:
```
print(mpl.__version__)
```
```
3.2.0
```

假若得到的回應是：

```
Traceback (most recent call last):
  File "<stdin>", line 1, in <module>
ModuleNotFoundError: No module named 'matplotlib'
```

表示目前所處的 Python 環境沒有安裝 Matplotlib，這時要切換回命令列安裝。

```
# 在命令列執行
pip install matplotlib
```

3.2 為何 Matplotlib

近幾年在資料視覺化（Data Visualization）、商業智慧（Business Intelligence）與資訊視覺圖表（Infographics）等熱門應用領域的推波助瀾之下，視覺化套件的介面設計有了長足進展，新興競爭者如 R 語言的 ggplot2、建構於網頁的 D3.js 與不需寫程式的 Tableau/PowerBI 讓 Matplotlib 顯得有些老態龍鍾，不過在其龐大的使用者社群中，仍然有依賴於它的套件如雨後春筍般誕生，像廣受歡迎於 ggplot2 設計理念相似的 Seaborn，持續為 Matplotlib 的繪圖生態系注入生命力。

固然新興套件在外觀、介面友善程度上有很大的優勢，不過諸如 ggplot2、Seaborn 或 plotly 在作圖時的出發點都採用資料框（DataFrame）物件，這點與 Matplotlib 只要從數值陣列就可以作圖，相較之下顯得略微遲緩一些，再者由於新興套件的定位屬於更為高階，在客製化使用程度上略遜定位於低階的 Matplotlib，因此本書依舊選擇 Matplotlib 作為入門機器學習的輔助，這點也與多數的機器學習工程師、資料科學家符合。

3.3 使用 Matplotlib 的兩種方式

對一開始接觸 Matplotlib 使用者最大挑戰是它的兩種作圖語法風格：

1. Matlab 風格
2. 物件導向風格

我們繪製一個排版外觀 2x1 的畫布呈現這兩種不同的作圖語法風格。首先是 Matlab 風格，對本來就利用 Matlab 作資料分析的使用者非常熟稔，它採用靜態模式介面（Stateful interface），plt 物件可以指向當下建構出的圖形（gcf, get current figure）與軸（gca, get current axis），如以下範例所示。

In [3]:

```
# Matlab 風格
x = np.linspace(0, np.pi*4, 100)
plt.figure()
plt.subplot(2, 1, 1)
plt.plot(x, np.sin(x))
plt.subplot(2, 1, 2)
plt.plot(x, np.cos(x))
plt.show()
```

第二種是物件導向風格，我們在作圖之前必須分別宣告 fig 與 ax 兩個物件，然後再呼叫個別方法，繪製出與上述相同排版外觀的作圖結果。由於在未來將常遭遇繪製排版外觀 m x n 的畫布，因此我們將主要使用「物件導向風格」來繪製 Matplotlib 的圖形。

In [4]:
```
# 物件導向風格
fig, axes = plt.subplots(2, 1)
axes[0].plot(x, np.sin(x))
axes[1].plot(x, np.cos(x))
plt.show()
```

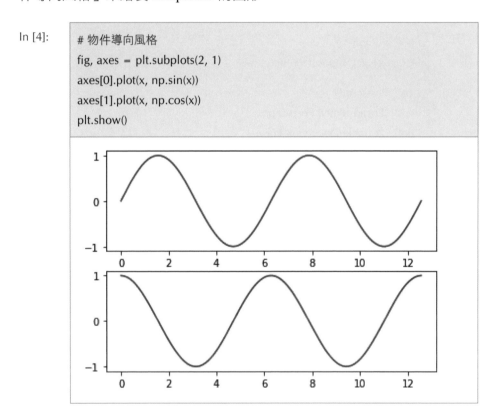

3.4 輸出 Matplotlib 作圖

當我們希望將作圖結果輸出為圖片，可以使用 fig.savefig() 存為圖檔，Matplotlib 支援的格式可以經由 fig.canvas.get_supported_filetypes() 得知。

In [5]:

```
fig = plt.figure()
fig.canvas.get_supported_filetypes()
```

Out [5]:

```
{'ps': 'Postscript',
 'eps': 'Encapsulated Postscript',
 'pdf': 'Portable Document Format',
 'pgf': 'PGF code for LaTeX',
 'png': 'Portable Network Graphics',
 'raw': 'Raw RGBA bitmap',
 'rgba': 'Raw RGBA bitmap',
 'svg': 'Scalable Vector Graphics',
 'svgz': 'Scalable Vector Graphics',
 'jpg': 'Joint Photographic Experts Group',
 'jpeg': 'Joint Photographic Experts Group',
 'tif': 'Tagged Image File Format',
 'tiff': 'Tagged Image File Format'}
```

<Figure size 432x288 with 0 Axes>

將剛才以物件導向風格繪製的圖以常見的 png 格式輸出，讀者可以在 Jupyter Notebook 的工作目錄找到 my_figure.png。

In [6]:
```python
fig, axes = plt.subplots(2, 1)
axes[0].plot(x, np.sin(x))
axes[1].plot(x, np.cos(x))
fig.savefig('my_figure.png')
```

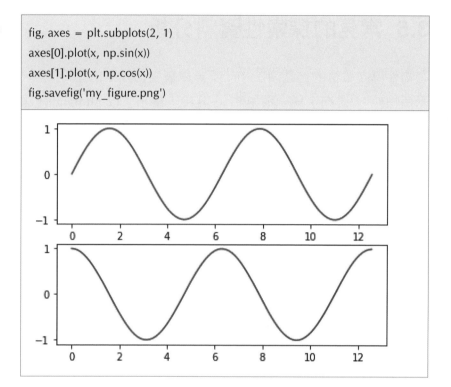

In [7]:
```python
# 讀者可以在 Jupyter Notebook 的工作目錄找到 my_figure.png
for file in os.listdir():
    if '.png' in file:
        print(file)
```

my_figure.png

3.5 常見的探索性資料分析

在物件導向風格的作圖語法中，不論繪製任何類型的圖形，都要先宣告兩個物件：「畫布」與「軸物件」，其中「畫布」以 plt.figure() 建立，「軸物件」以 plt.axes() 建立；如果要在一個畫布上面繪製多個圖形，那麼這兩個物件可以同時用 plt.subplots() 建立；接著再依照圖形種類，呼叫座標物件不同的作圖方法。這裡將作圖流程摘要：

- 將資料整理為 ndarray 格式
- 展開「畫布物件」與「軸物件」
- 依照探索需求呼叫「軸物件」的作圖方法
- 依照設計需求增加「軸物件」的元素
- 呼叫 plt.show() 顯示圖形

接著我們會從常見的探索性資料分析需求著手，檢視該如何用物件導向風格繪製。

3.6 觀察數值資料相關性的需求

我們使用散佈圖（Scatter plot）用作探索兩組數值資料相關情況，藉著圖形可以觀察兩組數值資料之間是否有負相關、正相關或者無相關之特徵。呼叫 ax.scatter() 再依序傳入 X 軸、Y 軸的數列就完成繪圖。

In [8]:

```
x = np.linspace(-2*np.pi, 2*np.pi)
f = np.sin(x)
fig = plt.figure()
ax = plt.axes()
ax.scatter(x, f)
plt.show()
```

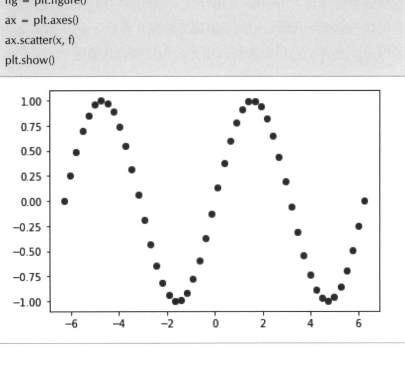

3.7 觀察類別資料排序的需求

我們使用長條圖（Bar plot）用作探索類別資料排序情況之圖形，藉著圖形可以一目瞭然哪個類別的摘要數值最高、最低。呼叫 ax.bar() 傳入和摘要相同長度的 X 軸位置數列與摘要數列就能完成繪圖。

In [1]:

```
np.random.seed(42)
random_integers = np.random.randint(1, 100, size=100)
n_odds = np.sum(random_integers % 2 == 0)
n_evens = np.sum(random_integers % 2 == 1)
y = np.array([n_odds, n_evens])
x = np.array([1, 2])
fig = plt.figure()
ax = plt.axes()
ax.barh(x, y)
plt.show()
```

3.8 觀察數值資料分布的需求

我們使用直方圖（Histogram plot）用作探索數值資料分布情況之圖形，藉著圖形可以一目瞭然數值是左傾（Left-skewed）、右傾（Right-skewed）或者其餘的外觀。呼叫 ax.hist() 傳入數列就能完成繪圖。

In [10]:

```
arr = np.random.normal(size = 10000)
fig = plt.figure()
ax = plt.axes()
ax.hist(arr, bins = 30)
plt.show()
```

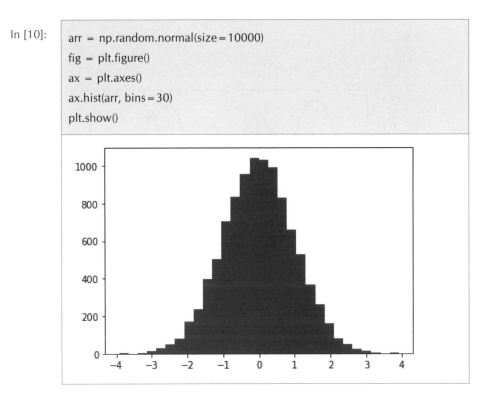

3.9 觀察數學函式外觀的需求

我們使用線圖（Line plot）用作探索數學函式外觀之圖形，藉著圖形可以一目瞭然函式在某個區間的外觀，遠比在腦海中想像公式還要具體。呼叫 ax.plot() 依序放置輸入數學函式的數列、數學函式輸出的數列就能完成繪圖。

In [11]:
```python
x = np.linspace(-2*np.pi, 2*np.pi)
f = np.sin(x)
fig = plt.figure()
ax = plt.axes()
ax.plot(x, f)
plt.show()
```

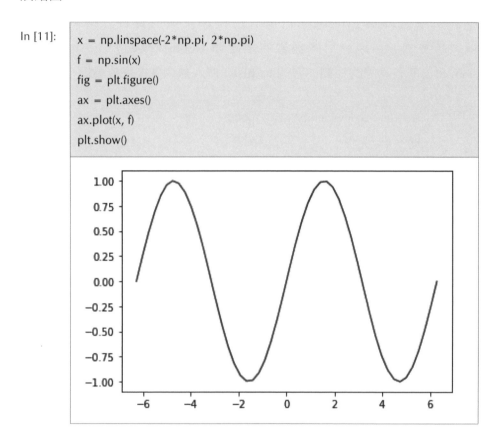

3.10 觀察區域海拔高度的需求

我們使用等高線圖（Contour plot）或填滿等高線圖（Contour-filled plot）用作區域海拔高度變化之圖形。呼叫 ax.contour() 或 ax.contourf() 依序放置經度、緯度與海拔高度的二維陣列就能完成繪圖。

在機器學習的視覺化中常會以模型係數做為經緯度，以誤差函式做為海拔高度，藉此觀察不同係數組合對應的誤差函式大小。在以下的式子中讀者可以將 X 與 Y 想像是模型係數，Z 是每組係數組合所對應的誤差。

$$Z = 2(e^{-X^2-Y^2} - e^{-(X-1)^2-(Y-1)^2}) \tag{3.1}$$

In [12]:
```python
x = np.linspace(-3.0, 3.0)
y = np.linspace(-2.0, 2.0)
X, Y = np.meshgrid(x, y)
Z1 = np.exp(-X**2 - Y**2)
Z2 = np.exp(-(X - 1)**2 - (Y - 1)**2)
Z = (Z1 - Z2) * 2
fig = plt.figure()
ax = plt.axes()
ax.contour(X, Y, Z, cmap='RdBu')
plt.show()
```

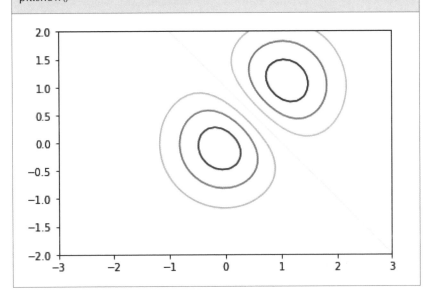

填滿等高線圖（Contour-filled plot）在機器學習的視覺化中另外用途是決策邊界（Decision boundary）的呈現，常搭配散佈圖來描述資料特徵與類別預測之間的關聯。

In [13]:

```
fig = plt.figure()
ax = plt.axes()
ax.contourf(X, Y, Z, alpha=0.5, cmap='RdBu')
plt.show()
```

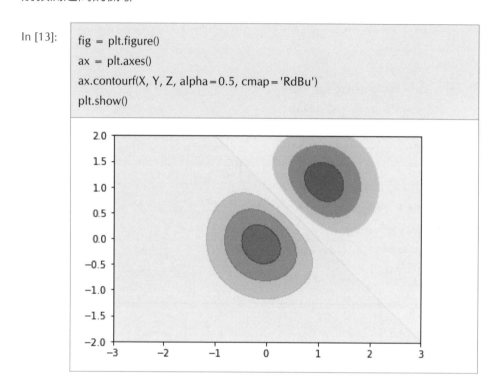

3.11 顯示二維數值陣列的需求

一張解析度為 $w \times h$ 的灰階圖片可以用一個外觀 (w, h) 的二維數值陣列來表示圖片中 $w \times h$ 個點的像素（Pixel）強度，而呼叫 ax.imshow() 可以將其顯示成為圖片，以著名的手寫數字資料集 MNIST 為例，每張手寫數字圖片都是 (28, 28) 外觀的二維數值陣列、共 784 個像素。

In [14]:
```
(X_train, y_train), (X_test, y_test) = datasets.mnist.load_data(path = "mnist.
npz")
first_picture = X_train[0, :, :]
first_picture.shape
```

Out [14]: (28, 28)

In [15]:
```
fig = plt.figure()
ax = plt.axes()
ax.imshow(first_picture, cmap = 'Greys')
plt.show()
```

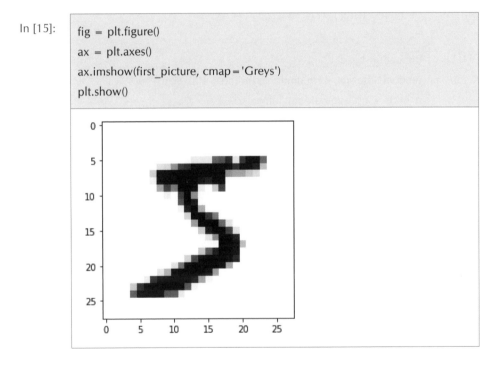

3.12　如何為圖形增加元素

有時我們會需要標題、軸標籤或者其他元素，來讓讀者能更快理解圖形的內涵。常用的圖形元素有：

- 標題
- 軸標籤
- 刻度標籤
- 文字
- 圖例或數值說明

利用軸物件的 set_title() 方法可以加入標題。

In [16]:
```python
np.random.seed(42)
random_integers = np.random.randint(1, 100, size=100)
n_odds = np.sum(random_integers % 2 == 0)
n_evens = np.sum(random_integers % 2 == 1)
y = np.array([n_odds, n_evens])
x = np.array([1, 2])
fig = plt.figure()
ax = plt.axes()
ax.barh(x, y)
ax.set_title("Odd/even numbers in 100 random intergers.")
plt.show()
```

利用軸物件的 set_xlabel() 與 set_ylabel() 方法分別加入 X 軸與 Y 軸標籤。

In [17]:

```
fig = plt.figure()
ax = plt.axes()
ax.barh(x, y)
ax.set_title("Odd/even numbers in 100 random intergers.")
ax.set_xlabel("Frequency")
ax.set_ylabel("Type", rotation=0) # 指定 Y 軸標籤的角度
plt.show()
```

Out [1]:

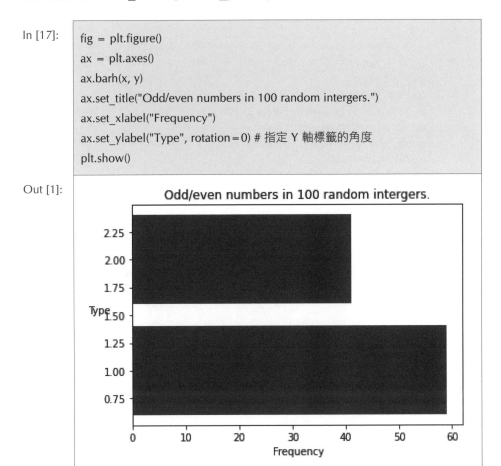

利用軸物件的 set_xticks()、set_xticklabels()、set_yticks() 與 set_yticklabels() 方法分別加入 X 軸與 Y 軸標籤刻度。

In [18]:

```
fig = plt.figure()
ax = plt.axes()
ax.barh(x, y)
ax.set_title("Odd/even numbers in 100 random intergers.")
ax.set_xlabel("Frequency")
ax.set_ylabel("Type", rotation=0) # 指定 Y 軸標籤的角度
ax.set_yticks([1, 2])
ax.set_yticklabels(['Odds', 'Evens'])
plt.show()
```

Out [1]:

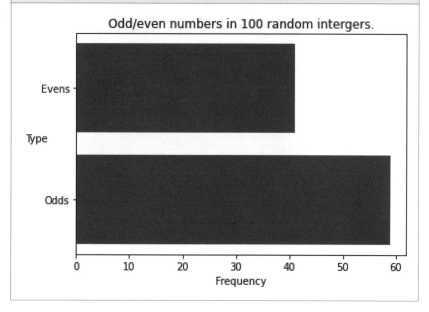

利用軸物件的 set_xlim() 與 set_ylim() 方法調整圖形的 X 軸和 Y 軸的上下
限。

In [19]:

```
fig = plt.figure()
ax = plt.axes()
ax.barh(x, y)
ax.set_title("Odd/even numbers in 100 random intergers.")
ax.set_xlabel("Frequency")
ax.set_ylabel("Type", rotation=0) # 指定 Y 軸標籤的角度
ax.set_yticks([1, 2])
ax.set_yticklabels(['Odds', 'Evens'])
ax.set_xlim(0, 65)
plt.show()
```

Out [1]:

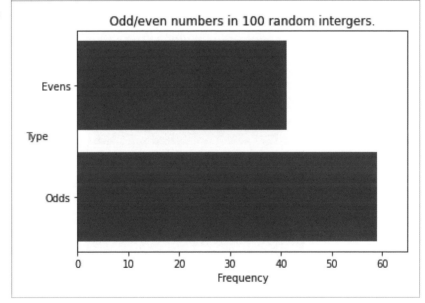

利用軸物件的 text() 方法為圖形增加文字說明。

In [20]:
```python
fig = plt.figure()
ax = plt.axes()
ax.barh(x, y)
ax.set_title("Odd/even numbers in 100 random intergers.")
ax.set_xlabel("Frequency")
ax.set_ylabel("Type", rotation=0) # 指定 Y 軸標籤的角度
ax.set_yticks([1, 2])
ax.set_yticklabels(['Odds', 'Evens'])
ax.set_xlim(0, 65)
for xi, yi in zip(x, y):
    ax.text(yi + 1, xi - 0.05, "{}".format(yi))
plt.show()
```

圖例能夠以軸物件的 legend() 方法搭配作圖時的 label 參數建立。

In [21]:

```
x = np.linspace(-2*np.pi, 2*np.pi)
f = np.sin(x)
g = np.cos(x)
fig = plt.figure()
ax = plt.axes()
ax.plot(x, f, label = "sin(x)")
ax.plot(x, g, label = "cos(x)")
ax.legend()
plt.show()
```

特定圖形例如等高線圖（Contour plot）可以在等高線上加入海拔高度數值說明數字；填滿等高線圖（Contour-filled plot）可以加入海拔高度數值說明色條。

In [22]:

```python
x = np.linspace(-3.0, 3.0)
y = np.linspace(-2.0, 2.0)
X, Y = np.meshgrid(x, y)
Z1 = np.exp(-X**2 - Y**2)
Z2 = np.exp(-(X - 1)**2 - (Y - 1)**2)
Z = (Z1 - Z2) * 2
fig = plt.figure()
ax = plt.axes()
CS = ax.contour(X, Y, Z, cmap='RdBu')
ax.clabel(CS, inline=1, fontsize=10)
plt.show()
```

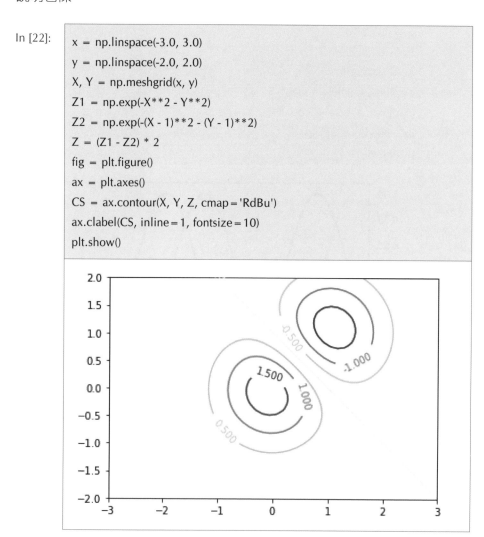

In [23]:
```
fig = plt.figure()
ax = plt.axes()
CS = ax.contourf(X, Y, Z, alpha=0.5, cmap='RdBu')
fig.colorbar(CS)
plt.show()
```

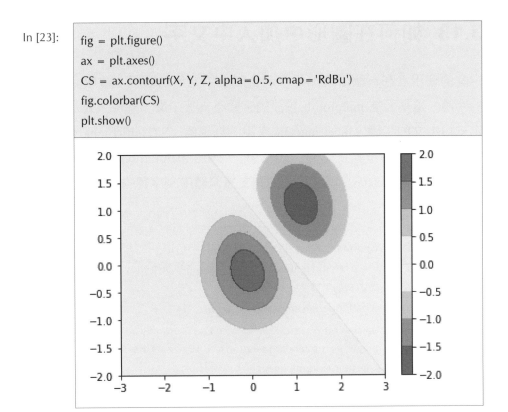

3.13 如何在圖形中加入中文字

中文的使用者在為圖形增加元素時會碰上中文無法顯示，導致變成空格的問題，這是因為 matplotlib 預設的字體不支援中文，解決方式是另外指定支援中文的字體，例如 macOS 常用的細黑體（STHeiti Light.ttc）或者 Windows 常用的微軟正黑體（msjh.ttf），透過 matplotlib.font_manager 所提供的 FontProperties() 函式傳入能夠支援繁體中文字體的檔案路徑。

In [24]:

```
font_path = "/System/Library/Fonts/STHeiti Light.ttc" # Windows 使用者可以
指定 C:/Windows/Fonts/msjh.ttf
font_path = "STHeiti Light.ttc" # 如果在雲端主機執行 Jupyter Notebook 需
要置放支援中文的字體於工作目錄
tc_font = FontProperties(fname=font_path)
np.random.seed(42)
random_integers = np.random.randint(1, 100, size=100)
n_odds = np.sum(random_integers % 2 == 0)
n_evens = np.sum(random_integers % 2 == 1)
y = np.array([n_odds, n_evens])
x = np.array([1, 2])
fig = plt.figure()
ax = plt.axes()
ax.barh(x, y)
ax.set_title(" 在 100 個隨機整數中的奇偶數 ", fontproperties=tc_font)
ax.set_xlabel(" 頻率 ", fontproperties=tc_font)
ax.set_ylabel(" 種類 ", rotation=0, fontproperties=tc_font) # 指定 Y 軸標籤
的角度
ax.set_yticks([1, 2])
ax.set_yticklabels([' 奇數 ', ' 偶數 '], fontproperties=tc_font)
```

```
ax.set_xlim(0, 65)
for xi, yi in zip(x, y):
    ax.text(yi + 1, xi - 0.05, "{}".format(yi))
plt.show()
```

Out [1]:

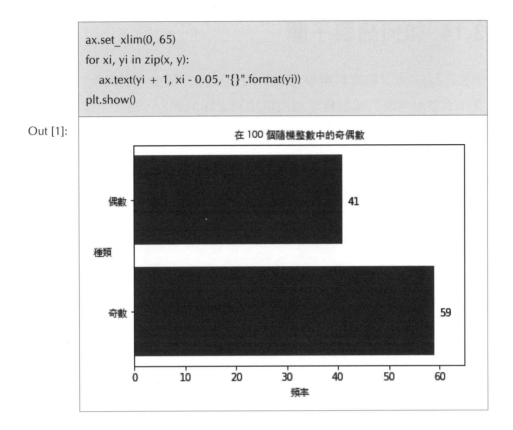

3.14 如何繪製子圖

子圖（subplots）是資料科學經常採用的技巧，藉由將視覺化在同一個畫布上並列呈現，進而輕鬆地比較組別之間的差別，這時可以改用 plt. subplots(m, n) 同時建立畫布物件和 $m \times n$ 個軸物件，多個軸物件會擺置在一個外觀 (m, n) 的 ndarray。

In [25]:

```
fig, axes = plt.subplots(3, 5)
print(type(axes))
print(axes.shape)
```

```
< class 'numpy.ndarray' >
(3, 5)
```

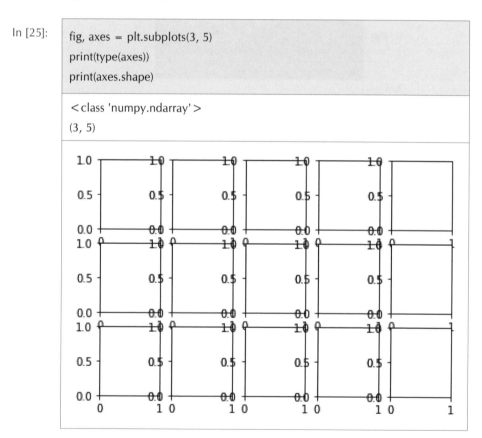

接著就能夠像索引數值陣列中的數值一般，運用 [m, n] 的語法對位於 [m, n] 位置的軸物件呼叫作圖方法或者增加元素。

In [26]:

```python
class ImshowSubplots:
    """
    This class plots 2d-arrays with subplots.
    Args:
        rows (int): The number of rows of axes.
        cols (int): The number of columns of axes.
        fig_size (tuple): Figure size.
    """
    def __init__(self, rows, cols, fig_size):
        self._rows = rows
        self._cols = cols
        self._fig_size = fig_size
    def im_show(self, X, y, label_dict=None):
        """
        This function plots 2d-arrays with subplots.
        Args:
            X (ndarray): 2d-arrays.
            y (ndarray): Labels for 2d-arrays.
            label_dict (dict): Str labels for y if any.
        """
        n_pics = self._rows*self._cols
        first_n_pics = X[:n_pics, :, :]
        first_n_labels = y[:n_pics]
        fig, axes = plt.subplots(self._rows, self._cols, figsize=self._fig_size)
        for i in range(n_pics):
            row_idx = i % self._rows
            col_idx = i // self._rows
            axes[row_idx, col_idx].imshow(first_n_pics[i], cmap="Greys")
            if label_dict is not None:
                axes[row_idx, col_idx].set_title("Label: {}".format(label_dict(first_n_labels[i])))
```

```
        else:
            axes[row_idx, col_idx].set_title("Label: {}".format(first_n_labels[i]))
        axes[row_idx, col_idx].set_xticks([])
        axes[row_idx, col_idx].set_yticks([])
    plt.tight_layout()
    plt.show()
```

In [27]:
```
iss = ImshowSubplots(3, 5, (8, 6))
iss.im_show(X_train, y_train)
```

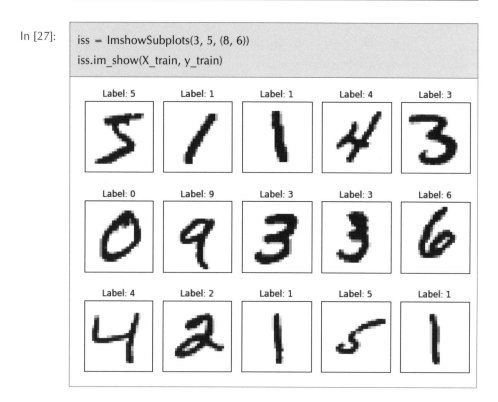

運用子圖顯示二維數值陣列之後還會用到，因此我們定義 ImshowSubplots 類別並封裝到 pyvizml 模組之中，後續如果還要使用它，就可以用 from MODULE import CLASS 的指令載入。

3.15 延伸閱讀

1. Tutorials - Matplotlib (https://matplotlib.org/tutorials/index.html)

2. Visualization with Matplotlib. In: Jake VanderPlas, Python Data Science Handbook (https://jakevdp.github.io/PythonDataScienceHandbook/04.00-introduction-to-matplotlib.html)

3. The MNIST database of handwritten digits (http://yann.lecun.com/exdb/mnist/)

機器學習入門

我們先載入這個章節範例程式碼中會使用到的第三方套件、模組或者其中的部分類別、函式。

In [1]:

```
from pyvizml import CreateNBAData
import numpy as np
import requests
import pandas as pd
from sklearn.linear_model import LinearRegression
from sklearn.model_selection import train_test_split
from sklearn.pipeline import Pipeline
from sklearn.datasets import load_boston
from sklearn.datasets import fetch_california_housing
from sklearn.datasets import make_classification
from sklearn.preprocessing import PolynomialFeatures
from sklearn.preprocessing import MinMaxScaler
from sklearn.preprocessing import StandardScaler
```

4.1 關於 Scikit-Learn

Scikit-Learn 是 Python 使用者入門機器學習的一個高階、設計成熟且友善的套件模組，其建構於 NumPy、SciPy 與 Matplotlib，是開源並可作為商業使用的套件模組，主要的撰寫程式語言是 Python，並在其中廣泛使用 NumPy 進行線性代數、陣列運算。此外，也有運用 Cython 撰寫了部分核心演算法提高運算的效能。Scikit-learn 與我們已經介紹過的套件模組諸如 NumPy 以及 Matplotlib 能夠產生非常良好的綜效，其應用場景可以被簡單分類為：

- 預處理（Preprocessing）
- 監督式學習（Supervised learning）
  - 分類（Classification）
  - 迴歸（Regression）
- 非監督式學習（Unsupervised learning）
  - 分群（Clustering）
  - 降維（Dimensionality reduction）
- 模型選擇（Model selection）

預處理的功能呼應了資料科學專案中的整併以及轉換；監督式學習、非監督式學習與模型選擇的功能則呼應了專案中的預測。

4.2 為何 Scikit-Learn

Scikit-Learn 設計對於使用者非常友善，在開發上圍繞著五個核心理念打造：

- 一致性（Consistency）
- 檢查性（Inspection）
- 不自行建立類別（Nonproliferation of classes）
- 模組化（Composition）
- 提供合理的預設參數（Sensible defaults）

其中，一致性指的是 Scikit-Learn 定義的類別都具有相同的 API 介面，像是進行資料預處理的轉換器（Transformer）都具備 fit_transform() 方法；進行資料預測的預測器（Predictor）都具備 fit() 與 predict() 方法；檢查性指的是 Scikit-Learn 定義的類別所依據的參數、結果都可以透過屬性擷取出來檢視；不自行建立類別指的是輸入與輸出的資料型態或結構，多數都以內建資料與 ndarray 來處理；模組化指的是同為 Scikit-Learn 的類別可以進行組裝，像是將轉換器與預測器組裝成為一個稱為管線（Pipeline）的類別；提供合理的預設參數指的是在初始化轉換器與預測器時，都會使用一組預設參數作為初始化的依據，而這些依據通常是多數使用者習慣的參數設計或基本標竿。

4.3 五個核心理念

我們使用 NBA 球員的範例資料來演繹 Scikit-Learn 的五個核心理念。

In [2]:
```
cnb = CreateNBAData(2019)
players = cnb.create_players_df()
X = players['heightMeters'].values.reshape(-1, 1)
y = players['weightKilograms'].values
X_train, X_valid, y_train, y_valid = train_test_split(X, y, test_size=0.33,
random_state=42)
```

Out [1]:
```
Creating players df...
```

4.3.1 提供合理的預設參數

初始化 ss 轉換器與 lr 預測器時可以選擇採用預設參數。

In [3]:
```
ss = StandardScaler()
lr = LinearRegression()
```

4.3.2 模組化

可以將 ss 轉換器與 lr 預測器組裝起來成為一個管線（Pipeline）類別。

In [4]:
```
pipeline = Pipeline([('scaler', ss), ('lr', lr)])
type(pipeline)
```

Out [4]:
```
sklearn.pipeline.Pipeline
```

4.3.3 一致性

包含預測器的管線類別具有 fit 與 predict 方法。

In [5]:
```
pipeline.fit(X_train, y_train)
y_pred = pipeline.predict(X_valid)
```

4.3.4 檢查性

在訓練完成之後,可以 intercept_ 屬性提取常數項、以 coef_ 屬性提取係數項觀察。

In [6]:
```
print(lr.intercept_)
print(lr.coef_)
```
```
98.44183976261127
[8.93801801]
```

4.3.5 不自行建立類別

lr 在訓練完成之後,其 intercept_ 屬性是 np.float64、coef_ 屬性則是 ndarray。

In [7]:
```
print(type(lr.intercept_))
print(type(lr.coef_))
```
```
<class 'numpy.float64'>
<class 'numpy.ndarray'>
```

4.4 機器學習的資料表達

機器學習的資料表達意象有兩個分類：特徵矩陣（Feature matrix）與目標向量（Target vector），特徵矩陣是二維的數值陣列，外型為 (m, n)，意指有 m 個觀測值、每個觀測值具有 n 個特徵，慣常以 X 做為標註；目標向量是一維的數值陣列，外型為 (m,)，意指有 m 個觀測值，慣常以 y 作為標註。

舉例來說，前述範例中的 players 資料框外觀是：

In [8]:
```
players.shape
```

Out [8]:
```
(503, 20)
```

假如我們改以身高（呎）與身高（吋）做為預測體重（磅）的依據：

In [9]:
```
X = players[['heightFeet', 'heightInches']].values.astype(float)
y = players['weightPounds'].values.astype(float)
```

特徵矩陣與目標向量的維度數及其外觀就分別為：

In [10]:
```
# 特徵矩陣
print(X.ndim)
print(X.shape)
```
```
2
(503, 2)
```

In [11]:
```
# 目標向量
print(y.ndim)
print(y.shape)
```

```
1
(503,)
```

4.5 Scikit-Learn 的支援場景

一個資料科學專案中包含有資料的獲取、整併、轉換、探索、預測以及溝通等環節,而 Scikit-Learn 能夠支援資料獲取、轉換與預測這三個主要應用場景,針對這些階段以包裝妥善的函式、自定義類別來協助使用者。

在資料獲取的環節,sklearn.datasets 提供三種介面讓讓使用者可以載入玩具資料集、現實世界資料集與生成資料集:

- load_dataset()
- fetch_dataset()
- make_dataset()

一如「機器學習的資料表達」所述,資料獲取功能所回傳的特徵矩陣 X 符合 (m, n) 外觀、目標向量 y 符合 (m,) 外觀;其中在載入玩具資料集與現實世界資料集中,Scikit-Learn 預設是以 bunch 這樣類似 dict 的資料結構回傳,指定參數 return_X_y=True 能夠直接獲得 X 與 y。

In [12]:
```
# 載入玩具資料集
X, y = load_boston(return_X_y=True)
print(X.shape)
print(y.shape)
```
```
(506, 13)
(506,)
```

In [13]:
```
# 載入現實世界資料集
X, y = fetch_california_housing(return_X_y=True)
print(X.shape)
print(y.shape)
```
```
(20640, 8)
(20640,)
```

In [14]:
```
# 載入生成資料集
X, y = make_classification()
print(X.shape)
print(y.shape)
```
```
(100, 20)
(100,)
```

在資料轉換的環節，sklearn.preprocessing 提供一種稱為轉換器（Transformer）的自定義類別，初始化後可以透過 fit_transform 方法將輸入資料轉換為指定的輸出格式。常用的轉換器有高次項特徵與標準化，其中高次項特徵轉換器可以為特徵矩陣中的特徵生成截距項（即 $x_0=1$）、高次項與交叉項：

In [15]:
```
X = players[['heightFeet', 'heightInches']].values.astype(int)
X_before_poly = X.copy()
poly = PolynomialFeatures()
X_after_poly = poly.fit_transform(X_before_poly)
```

In [16]:
```
# 輸入高次項特徵轉換器之前的 X: x_1, x_2
X_before_poly[:10, :]
```

Out [16]:
```
array([[ 6,  0],
       [ 6, 11],
       [ 6,  9],
       [ 6, 11],
       [ 6, 10],
       [ 6,  5],
       [ 6,  4],
       [ 6, 11],
       [ 6,  8],
       [ 6,  9]])
```

In [17]:
```
# 高次項特徵轉換器輸出的 X: x_0, x_1, x_2, x_1**2, x_1*x_2, x_2**2
X_after_poly
```

Out [17]:
```
array([[ 1.,  6.,  0., 36.,  0.,  0.],
       [ 1.,  6., 11., 36., 66., 121.],
       [ 1.,  6.,  9., 36., 54., 81.],
       ...,
       [ 1.,  6., 11., 36., 66., 121.],
       [ 1.,  6., 10., 36., 60., 100.],
       [ 1.,  7.,  0., 49.,  0.,  0.]])
```

而標準化轉換器則是可以為特徵矩陣中的特徵進行量度的標準化，像是最小最大標準化（Min-max scaler）或者常態標準化（Standard scaler）。

In [18]:
```python
X_before_scaled = X.copy()
ms = MinMaxScaler()
ss = StandardScaler()
X_after_ms = ms.fit_transform(X_before_scaled)
X_after_ss = ss.fit_transform(X_before_scaled)
```

In [19]:
```python
X_before_scaled[:10, :]
```

Out [19]:
```
array([[ 6,  0],
       [ 6, 11],
       [ 6,  9],
       [ 6, 11],
       [ 6, 10],
       [ 6,  5],
       [ 6,  4],
       [ 6, 11],
       [ 6,  8],
       [ 6,  9]])
```

In [20]:

```
X_after_ms[:10, :]
```

Out [20]:

```
array([[0.5       , 0.        ],
       [0.5       , 1.        ],
       [0.5       , 0.81818182],
       [0.5       , 1.        ],
       [0.5       , 0.90909091],
       [0.5       , 0.45454545],
       [0.5       , 0.36363636],
       [0.5       , 1.        ],
       [0.5       , 0.72727273],
       [0.5       , 0.81818182]])
```

In [21]:

```
X_after_ss[:10, :]
```

Out [21]:

```
array([[-0.15164926, -1.88887461],
       [-0.15164926,  1.6276608 ],
       [-0.15164926,  0.98829072],
       [-0.15164926,  1.6276608 ],
       [-0.15164926,  1.30797576],
       [-0.15164926, -0.29044943],
       [-0.15164926, -0.61013446],
       [-0.15164926,  1.6276608 ],
       [-0.15164926,  0.66860568],
       [-0.15164926,  0.98829072]])
```

在資料預測的環節，sklearn.preprocessing 提供一種稱為預測器
（Predictor）的自定義類別，初始化後可以透過 fit 方法對訓練資料進行
「配適」，透過 predict 方法對驗證或測試資料進行「預測」。

In [22]:
```python
X = players[['heightFeet', 'heightInches']].values.astype(int)
y = players['weightKilograms'].values
X_train, X_valid, y_train, y_valid = train_test_split(X, y, test_size=0.33,
random_state=42)
```

In [23]:
```python
# 初始化
lr = LinearRegression()
# 對訓練資料進行「配適」
lr.fit(X_train, y_train)
# 對驗證或測試資料進行「預測」
y_pred = lr.predict(X_valid)
```

4.6 關於訓練、驗證與測試資料

訓練資料（Training data，前述的 X_train 與 y_train）是具有實際值或標籤的已實現歷史資料，作用是讓演算法能夠在其中尋找出一組能夠讓 h 與 f 的係數組合，訓練過程中透過比較預測結果與已實現的實際值或標籤，在能力可及範圍下尋找出一組相似度最高的係數組合；就像求學時課本中附有詳解的練習題一般，訓練我們對一個觀念的瞭解。

驗證資料（Validation data，前述的 X_valid 與 y_valid）同樣是具有實際值或標籤的已實現歷史資料，但是在使用上偽裝成不具有實際值或標籤的待預測資料，作用是在把 h 拿去面對未知資料之前，就能夠對 h 的可能表現心底有數；就像求學時參加模擬考試一般，在過程中就像真的參加考試一般，但是在之後有解答可以參考。

測試資料（Test data）是不具有實際值或標籤的待預測資料，作用是輸入訓練完成、驗證結果良好的 h，藉此達成資料預測目的；就像求學時參加的大型考試一般。

以 Kaggle 網站所下載回來的資料為例，我們會將具有實際值或標籤的已實現歷史資料 train.csv 分割為訓練與驗證資料；不具有實際值或標籤的待預測資料 test.csv 就是測試資料，兩個資料在維度上的差別就是實際值或標籤的已實現歷史資料：目標向量 y。

In [24]:
```python
train = pd.read_csv("https://kaggle-getting-started.s3-ap-northeast-1.
amazonaws.com/titanic/train.csv")
test = pd.read_csv("https://kaggle-getting-started.s3-ap-northeast-1.
amazonaws.com/titanic/test.csv")
print(train.shape)
print(test.shape)
```

```
(891, 12)
(418, 11)
```

In [25]:
```python
# 差別在 Survived 這個目標向量
train.columns.difference(test.columns)
```

Out [25]:
```
Index(['Survived'], dtype='object')
```

使用 Scikit-Learn 包裝妥善的函式 train_test_split 可以將輸入分割為訓練與驗證資料，常見的觀測值比例由 6:4 到 9:1 不等，原則是訓練資料筆數應該大過於驗證資料筆數，透過函式中的 test_size 參數來設定驗證資料的比例。

In [26]:
```
players_train, players_valid = train_test_split(players, test_size = 0.3,
random_state = 42)
```

In [27]:
```
players_train.iloc[:5, :4]
```

Out [27]:

	firstName	lastName	temporaryDisplayName	personId
116	Terence	Davis	Davis, Terence	1629056
45	Bojan	Bogdanovic	Bogdanovic, Bojan	202711
16	Trevor	Ariza	Ariza, Trevor	2772
465	Moritz	Wagner	Wagner, Moritz	1629021
358	Elie	Okobo	Okobo, Elie	1629059

In [28]:
```
players_valid.iloc[:5, :4]
```

Out [28]:

	firstName	lastName	temporaryDisplayName	personId
268	Skal	Labissiere	Labissiere, Skal	1627746
73	Trey	Burke	Burke, Trey	203504
289	Timothe	Luwawu-Cabarrot	Luwawu-Cabarrot, Timothe	1627789
155	Wenyen	Gabriel	Gabriel, Wenyen	1629117
104	Pat	Connaughton	Connaughton, Pat	1626192

分割訓練與驗證資料的原則有二，先做資料集的隨機排序，像是我們玩撲克牌時所操作的洗牌（Shuffle），再來是依據 test_size 參數將具有實際值或標籤的已實現歷史資料水平切割，上方分配給驗證資料、下方分配給訓練資料；隨機排序是為避免訓練過程 h 的配適受到資料源本來的排序樣態所影響；依據這兩個原則自行定義一個 trainTestSplit 函式看是否可以獲得與前述相同的分割結果。

In [29]:
```python
def trainTestSplit(df, test_size, random_state):
    df_index = df.index.values.copy()
    m = df_index.size
    np.random.seed(random_state)
    np.random.shuffle(df_index)
    test_index = int(np.ceil(m * test_size))
    test_indices = df_index[:test_index]
    train_indices = df_index[test_index:]
    df_valid = df.loc[test_indices, :]
    df_train = df.loc[train_indices, :]
    return df_train, df_valid
```

In [30]:
```python
players_train, players_valid = trainTestSplit(players, test_size=0.3, random_state=42)
```

In [31]:
```python
players_train.iloc[:5, :4]
```

Out [31]:

	firstName	lastName	temporaryDisplayName	personId
116	Terence	Davis	Davis, Terence	1629056
45	Bojan	Bogdanovic	Bogdanovic, Bojan	202711
16	Trevor	Ariza	Ariza, Trevor	2772
465	Moritz	Wagner	Wagner, Moritz	1629021
358	Elie	Okobo	Okobo, Elie	1629059

In [32]:

```
players_valid.iloc[:5, :4]
```

Out [32]:

	firstName	lastName	temporaryDisplayName	personId
268	Skal	Labissiere	Labissiere, Skal	1627746
73	Trey	Burke	Burke, Trey	203504
289	Timothe	Luwawu-Cabarrot	Luwawu-Cabarrot, Timothe	1627789
155	Wenyen	Gabriel	Gabriel, Wenyen	1629117
104	Pat	Connaughton	Connaughton, Pat	1626192

比對資料框的索引值可以驗證自行定義的 trainTestSplit 與 Scikit-Learn 的 train_test_split 分割邏輯相同。

4.7 延伸閱讀

1. Getting Started - scikit-learn (https://scikit-learn.org/stable/getting_started.html)

2. Kaggle (https://www.kaggle.com)

3. Introducing Scikit-Learn In: Jake VanderPlas, Python Data Science Handbook (https://jakevdp.github.io/PythonDataScienceHandbook/05.02-introducing-scikit-learn.html)

4. Sebastian Raschka, Vahid Mirjalili: Python Machine Learning (https://www.amazon.com/Python-Machine-Learning-scikit-learn-TensorFlow/dp/1789955750/)

數值預測的任務

我們先載入這個章節範例程式碼中會使用到的第三方套件、模組或者其中的部分類別、函式。

In [1]:
```python
from pyvizml import CreateNBAData
import requests
import numpy as np
import pandas as pd
import matplotlib.pyplot as plt
from sklearn.model_selection import train_test_split
from sklearn.linear_model import LinearRegression
from sklearn.preprocessing import MinMaxScaler
from sklearn.preprocessing import StandardScaler
```

5.1 關於數值預測的任務

「數值預測」是「監督式學習」的其中一種應用類型，當預測的目標向量 y 屬於連續型的數值變數，那我們就能預期正在面對數值預測的任務，更廣泛被眾人知悉的名稱為「迴歸模型」。例如預測的目標向量 y 是 players 資料中的 weightKilograms，在資料類別中屬於連續型的數值類別 float；具體來說，迴歸模型想方設法將特徵矩陣 X 與目標向量 y 之間的關聯以一條迴歸線（Regression Line）描繪，而描繪迴歸線所依據的截距項和係數項，就是用來逼近 f 的 h。

我們也可依 Tom Mitchel 對機器學習電腦程式的定義寫下數值預測的資料、任務、評估與但書，以預測 players 資料中的 weightKilograms 為例：

- 資料（Experience）：一定數量的球員資料
- 任務（Task）：利用模型預測球員的體重
- 評估（Performance）：模型預測的體重與球員實際體重的誤差大小
- 但書（Condition）：隨著資料觀測值筆數增加，預測誤差應該要減少

In [2]:
```python
# players 資料中的 weightKilograms
cnd = CreateNBAData(2019)
players = cnd.create_players_df()
y = players['weightKilograms'].values.astype(float)
y.dtype
```

Creating players df...

Out [2]:
```
dtype('float64')
```

5.2 以 Scikit-Learn 預測器完成數值預測任務

將 heightMeters 當作特徵矩陣為例，特徵矩陣 X 與目標向量 y 之間的關聯可以這樣描述。

$$\hat{y} = w_0 + w_1 x_1 \tag{5.1}$$

以 Scikit-Learn 定義好的預測器類別 LinearRegression 可以快速找出描繪迴歸線所依據的截距項 w_0 和係數項 w_1。

In [3]:
```python
X = players['heightMeters'].values.astype(float).reshape(-1, 1)
y = players['weightKilograms'].values.astype(float)
X_train, X_valid, y_train, y_valid = train_test_split(X, y, test_size=0.33,
random_state=42)
h = LinearRegression()
h.fit(X_train, y_train)
```

Out [3]:
```
LinearRegression(copy_X=True, fit_intercept=True, n_jobs=None,
normalize=False)
```

In [4]:
```python
print(h.intercept_)    # 截距項
print(h.coef_)         # 係數項
```
```
-104.22092448587175
[101.82540151]
```

In [5]:
```python
# 預測
y_pred = h.predict(X_valid)
y_pred[:10]
```

Out [5]:
```
array([107.57591065,  82.11956027, 100.44813254, 105.53940262,
        95.35686246, 112.66718072,  92.30210042,  92.30210042,
        97.39337049,  95.35686246])
```

找出 w_0 與 w_1 就能夠描繪出一條迴歸線表達特徵矩陣 X 與目標向量 y。

In [6]:
```
# 建立迴歸線的資料
X1 = np.linspace(X.min()-0.1, X.max()+0.1).reshape(-1, 1)
y_hat = h.predict(X1)
```

In [7]:
```
# 描繪迴歸線
fig, ax = plt.subplots()
ax.scatter(X_train.ravel(), y_train, label="training")
ax.scatter(X_valid.ravel(), y_valid, label="valid")
ax.plot(X1.ravel(), y_hat, c="red", label="regression")
ax.legend()
plt.show()
```

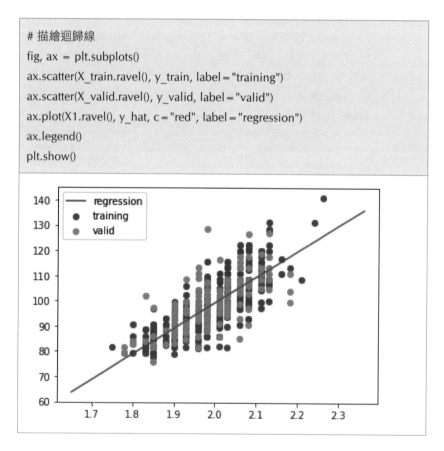

使用 Scikit-Learn 預測器的最關鍵方法呼叫是 fit() 方法，究竟它是如何決定 X_train 與 y_train 之間的關聯 w？接下來我們試圖推導並理解它。

5.3 正規方程 Normal Equation

使用機器學習解決數值預測的任務，顧名思義是能夠建立出一個 h 函式，這個函式可以將無標籤資料 x 作為輸入，並預測目標向量 y 的值作為其輸出。

$$\hat{y} = h(x; w) \tag{5.2}$$
$$= w_0 + w_1 x_1 + ... + w_n x_n \tag{5.3}$$

為了寫作成向量相乘形式，為 w_0 補上 $w_0 = 1$：

$$\hat{y} = w_0 x_0 + w_1 x_1 + ... + w_n x_n, \ where \ w_0 = 1 \tag{5.4}$$
$$= w^T x \tag{5.5}$$

其中 $\hat{y}$ 是預測值、n 是特徵個數、w 是係數向量；並能夠進一步延展為 m 筆觀測值的外觀為：

$$\hat{y} = h(X; w) = \begin{bmatrix} x_{00}, x_{01}, ..., x_{0n} \\ x_{10}, x_{11}, ..., x_{1n} \\ \cdot \\ \cdot \\ \cdot \\ x_{m0}, x_{m1}, ..., x_{mn} \end{bmatrix} \begin{bmatrix} w_0 \\ w_1 \\ \cdot \\ \cdot \\ \cdot \\ w_n \end{bmatrix} = Xw \tag{5.6}$$

$h(X;w)$ 是基於 w 的函式，如果第 i 個特徵 x_i 對應的係數 w_i 為正數，該特徵與 $\hat{y}$ 的變動同向；如果第 i 個特徵 x_i 對應的係數 w_i 為負數，該特徵與 $\hat{y}$ 的變動反向；如果第 i 個特徵 x_i 對應的係數 w_i 為零，該特徵對 $\hat{y}$ 的變動沒有影響。

截至於此，資料（Experiment）與任務（Task）已經被定義妥善，特徵矩陣 X 外觀 (m, n)、目標向量 y 外觀 $(m,)$、係數向量 w 外觀 $(n,)$，通過將 X 輸入 h 來預測 $\hat{y}$，接下來還需要定義評估（Performance）。

評估 h 的方法是計算 $y^{(train)}$ 與 $\hat{y}^{(train)}$ 之間的均方誤差（Mean squared error）：

$$MSE_{train} = \frac{1}{m} \sum_i (y^{(train)} - \hat{y}^{(train)})_i^2 \tag{5.7}$$

如果寫為向量運算的外觀：

$$MSE_{train} = \frac{1}{m} \parallel y^{(train)} - \hat{y}^{(train)} \parallel^2 \tag{5.8}$$

電腦程式能夠通過觀察訓練資料藉此獲得一組能讓均方誤差最小化的係數向量 w，為了達成這個目的，將均方誤差表達為一個基於係數向量 w 的函式 $J(w)$：

$$J(w) = MSE = \frac{1}{m} \parallel y - Xw \parallel^2 \tag{5.9}$$

整理一下函式 $J(w)$ 的外觀：

$$J(w) = \frac{1}{m}(Xw - y)^T(Xw - y) \tag{5.10}$$

$$= \frac{1}{m}(w^T X^T - y^T)(Xw - y) \tag{5.11}$$

$$= \frac{1}{m}(w^T X^T Xw - w^T X^T y - y^T Xw + y^T y) \tag{5.12}$$

$$= \frac{1}{m}(w^T X^T Xw - (Xw)^T y - y^T Xw + y^T y) \tag{5.13}$$

$$= \frac{1}{m}(w^T X^T Xw - 2(Xw)^T y + y^T y) \tag{5.14}$$

求解 $J(w)$ 斜率為零的位置：

$$\frac{\partial}{\partial w}J(w) = 0 \tag{5.15}$$

$$2X^T Xw - 2X^T y = 0 \tag{5.16}$$

$$X^T Xw = X^T y \tag{5.17}$$

$$w^* = (X^T X)^{-1} X^T y \tag{5.18}$$

這個 w^* 求解亦被稱呼為「正規方程」（Normal equation）。

5.4 自訂正規方程類別 NormalEquation

我們可以依據正規方程自訂預測器類別，並與 Scikit-Learn 定義好的預測器類別 LinearRegression 比對係數向量是否一致。

In [8]:

```python
class NormalEquation:
    """
    This class defines the Normal equation for linear regression.
    Args:
        fit_intercept (bool): Whether to add intercept for this model.
    """
    def __init__(self, fit_intercept=True):
        self.fit_intercept = fit_intercept
    def fit(self, X_train, y_train):
        """
        This function uses Normal equation to solve for weights of this model.
        Args:
            X_train (ndarray): 2d-array for feature matrix of training data.
```

```
        y_train (ndarray): 1d-array for target vector of training data.
    """
    self._X_train = X_train.copy()
    self._y_train = y_train.copy()
    m = self._X_train.shape[0]
    if self._fit_intercept:
        X0 = np.ones((m, 1), dtype=float)
        self._X_train = np.concatenate([X0, self._X_train], axis=1)
    X_train_T = np.transpose(self._X_train)
    left_matrix = np.dot(X_train_T, self._X_train)
    right_matrix = np.dot(X_train_T, self._y_train)
    left_matrix_inv = np.linalg.inv(left_matrix)
    w = np.dot(left_matrix_inv, right_matrix)
    w_ravel = w.ravel().copy()
    self._w = w
    self.intercept_ = w_ravel[0]
    self.coef_ = w_ravel[1:]
def predict(self, X_test):
    """
    This function returns predicted values with weights of this model.
    Args:
        X_test (ndarray): 2d-array for feature matrix of test data.
    """
    self._X_test = X_test.copy()
    m = self._X_test.shape[0]
    if self._fit_intercept:
        X0 = np.ones((m, 1), dtype=float)
        self._X_test = np.concatenate([X0, self._X_test], axis=1)
    y_pred = np.dot(self._X_test, self._w)
    return y_pred
```

In [9]:
```
h = NormalEquation()
h.fit(X_train, y_train)
```

In [10]:
```
print(h.intercept_) # 截距項
print(h.coef_)      # 係數項
```
```
-104.22092448572948
[101.82540151]
```

In [11]:
```
# 預測
y_pred = h.predict(X_valid)
y_pred[:10]
```

Out [11]:
```
array([107.57591065,  82.11956027, 100.44813254, 105.53940262,
        95.35686246, 112.66718072,  92.30210042,  92.30210042,
        97.39337049,  95.35686246])
```

比對 w 與前十筆預測值可以驗證自行定義的 NormalEquation 類別與 Scikit-Learn 求解 w 的邏輯相近。

5.5 計算複雜性

計算複雜性（Computational complexity）是電腦科學研究解決問題所需的資源，諸如時間（要通過多少步演算才能解決問題）和空間（在解決問題時需要多少記憶體），在演算法中常見到的大 O 符號就是表示演算所需時間的表達式。在正規方程中必須要透過計算 $X^T X$ 的反矩陣 $(X^T X)^{-1}$ 求解

w^*，這是一個外觀 $(n+1, n+1)$ 的二維數值陣列（n 為特徵個數），計算複雜性最多是 $O(n^3)$，這意味著如果特徵個數變為 2 倍，計算 $(X^T X)^{-1}$ 的時間最多會變為 8 倍。因此當面對的特徵矩陣 n 很大（約莫是大於 10^4），正規方程的計算複雜性問題就會浮現，這時讀者可能會好奇 $n \geq 10^4$ 會很容易遭遇嗎？在特徵矩陣是圖像時很容易遭遇，例如低解析度 100 $px \times 100$ px 的灰階圖片。

5.6 梯度遞減 Gradient Descent

另外一種在機器學習、深度學習中更為廣泛使用的演算方法稱為「梯度遞減」（Gradient descent），基本概念是先隨機初始化一組係數向量，在基於降低 $y^{(train)}$ 與 $\hat{y}^{(train)}$ 之間誤差 $J(w)$ 之目的標之下，以迭代方式更新該組係數向量，一直到 $J(w)$ 收斂到局部最小值為止。

梯度遞減的精髓在於當演算方法更新係數向量時，並不是盲目亂槍打鳥地試誤（Trial and error），而是透過「有方向性」的依據進行更新，具體來說，就是根據誤差函式 $J(w)$ 關於係數向量 w 的偏微分來決定更新的方向性，而更新的幅度大小則由一個大於零、稱為「學習速率」的常數 α 決定：

$$w := w - \alpha \frac{\partial J}{\partial w} \tag{5.19}$$

讓我們用一個簡單的例子來看為什麼透過這個式子更新 w 是一種「有方向性」的依據，舉例來說如果給定一組 $X^{(train)}$ 與 $y^{(train)}$：

In [12]:
```python
X0 = np.ones((10, 1))
X1 = np.arange(1, 11).reshape(-1, 1)
w = np.array([5, 6])
X_train = np.concatenate([X0, X1], axis=1)
y_train = np.dot(X_train, w)
print(X_train)
print(y_train)
```

Out [12]:
```
[[ 1.  1.]
 [ 1.  2.]
 [ 1.  3.]
 [ 1.  4.]
 [ 1.  5.]
 [ 1.  6.]
 [ 1.  7.]
 [ 1.  8.]
 [ 1.  9.]
 [ 1. 10.]]
[11. 17. 23. 29. 35. 41. 47. 53. 59. 65.]
```

從後見之明的視角來看,我們會知道係數向量 w^* 的組成 $w_0 = 5$、$w_1 = 6$:

$$f(x) = y = 5x_0 + 6x_1 \tag{5.20}$$

亦即

$$w^* = \begin{bmatrix} w_0^* \\ w_1^* \end{bmatrix} = \begin{bmatrix} 5 \\ 6 \end{bmatrix} \tag{5.21}$$

不過給定電腦程式一組 $X^{(train)}$ 與 $y^{(train)}$ 對於它來說像是拋出了一個大海撈針的問題,有無限多組的 w 等著要嘗試(它甚至不知道用 w_0 與 w_1 就可

以找到跟 f 完全相同的 h），遑論找出 $w_0 = 5$、$w_1 = 6$；「梯度遞減」演算方法就是為電腦程式提供了一個尋找解題的方式，千里之行，始於足下，請先隨機初始化一組 w：

In [13]:
```
np.random.seed(42)
w = np.random.rand(2)
w
```
Out [13]: array([0.37454012, 0.95071431])

針對這組 w 可以得到一組 $\hat{y}^{(train)}$：

In [14]:
```
y_hat = np.dot(X_train, w)
y_hat
```
Out [14]: array([1.32525443, 2.27596873, 3.22668304, 4.17739734, 5.12811165,
6.07882596, 7.02954026, 7.98025457, 8.93096888, 9.88168318])

針對這組 $\hat{y}^{(train)}$ 可以計算與 $y^{(train)}$ 的均方誤差。

$$J(w) = \frac{1}{m} \parallel y - Xw \parallel^2 \tag{5.22}$$

In [15]:
```
m = y_train.size
j = ((y_hat - y_train).T.dot(y_hat - y_train)) / m
j
```
Out [15]: 1259.87134315462

那麼下一次的試誤該如何更新 w 才能確保離 w^* 更近，讓計算出來的均方誤差會更小一些？這時梯度遞減演算方法登場，它直截了當地說：請將

目前的 w_0 減去學習速率 α 乘上 $J(w)$ 關於 w_0 的偏微分、將目前的 w_1 減去學習速率 α 乘上 $J(w)$ 關於 w_1 的偏微分：

$$w_0 := w_0 - \alpha \frac{\partial J}{\partial w_0} \tag{5.23}$$

$$w_1 := w_1 - \alpha \frac{\partial J}{\partial w_1} \tag{5.24}$$

以係數向量的外觀表示：

$$w := w - \alpha \frac{\partial J}{\partial w} \tag{5.25}$$

接著慢慢將 $J(w)$ 關於 w 的偏微分式子展開：

$$\frac{\partial J}{\partial w} = \frac{1}{m} \frac{\partial}{\partial w}(\| y - Xw \|^2) \tag{5.26}$$

$$= \frac{1}{m} \frac{\partial}{\partial w}(Xw - y)^T(Xw - y) \tag{5.27}$$

$$= \frac{1}{m} \frac{\partial}{\partial w}(w^T X^T Xw - w^T X^T y - y^T Xw + y^T y) \tag{5.28}$$

$$= \frac{1}{m} \frac{\partial}{\partial w}(w^T X^T Xw - (Xw)^T y - (Xw)^T y + y^T y) \tag{5.29}$$

$$= \frac{1}{m} \frac{\partial}{\partial w}(w^T X^T Xw - 2(Xw)^T y + y^T y) \tag{5.30}$$

$$= \frac{1}{m}(2X^T Xw - 2X^T y) \tag{5.31}$$

$$= \frac{2}{m}(X^T Xw - X^T y) \tag{5.32}$$

$$= \frac{2}{m} X^T(Xw - y) \tag{5.33}$$

$$= \frac{2}{m} X^T(\hat{y} - y) \tag{5.34}$$

$J(w)$ 關於 w 的偏微分就是演算方法中所謂的「梯度」（Gradient），在迭代過程中 w 更新的方向性取決於梯度正負號，如果梯度為正，w 會向左更新（減小）；如果梯度為負，w 會向右更新（增大）。

$$w := w - \alpha \frac{2}{m} X^T (\hat{y} - y) \tag{5.35}$$

接著計算隨機初始化的 w 其梯度為何。

In [16]:
```python
gradients = (2/m) * np.dot(X_train.T, y_hat - y_train)
gradients
```

Out [16]: array([-64.79306239, -439.6750571])

當梯度為負，隨機初始化的 w 會向右更新（增大），離後見之明視角所知的 $w_0 = 5$、$w_1 = 6$ 更加接近，在更新的方向性上是正確的。假設將學習速率設定為 0.001，更新的幅度就是：

In [17]:
```python
learning_rate = 0.001
-learning_rate * gradients
```

Out [17]: array([0.06479306, 0.43967506])

經過第一次迭代更新後的 w：

In [18]:
```python
w -= learning_rate * gradients
w
```

Out [18]: array([0.43933318, 1.39038936])

針對更新過一次的 w 可以得到一組 $\hat{y}^{(train)}$：

In [19]:
```
y_hat = np.dot(X_train, w)
y_hat
```

Out [19]:
```
array([ 1.82972254,  3.22011191,  4.61050127,  6.00089064,  7.39128   ,
        8.78166936, 10.17205873, 11.56244809, 12.95283745,
       14.34322682])
```

更新過一次的 w 所對應的均方誤差：

In [20]:
```
j = ((y_hat - y_train).T.dot(y_hat - y_train)) / m
j
```

Out [20]:
```
1070.1192063534622
```

從上述例子可以觀察到運用「梯度遞減」演算方法迭代更新係數向量的過程中，透過計算誤差函式關於係數向量的梯度決定更新的**方向性**，透過學習速率決定更新的**幅度**，在迭代進行一次之後，係數向右更新（增大）離真實的 w^* 更接近了些、均方誤差也下降了些。

5.7 自訂梯度遞減類別 GradientDescent

我們可以依據梯度遞減自訂預測器類別，檢視迭代後的 w 是否與後見之明視角的 $w_0 = 5$、$w_1 = 6$ 相近、均方誤差是否隨著迭代而下降。

In [21]:

```python
class GradientDescent:
    """
    This class defines the vanilla gradient descent algorithm for linear regression.
    Args:
        fit_intercept (bool): Whether to add intercept for this model.
    """
    def __init__(self, fit_intercept=True):
        self._fit_intercept = fit_intercept
    def find_gradient(self):
        """
        This function returns the gradient given certain model weights.
        """
        y_hat = np.dot(self._X_train, self._w)
        gradient = (2/self._m) * np.dot(self._X_train.T, y_hat - self._y_train)
        return gradient
    def mean_squared_error(self):
        """
        This function returns the mean squared error given certain model weights.
        """
        y_hat = np.dot(self._X_train, self._w)
        mse = ((y_hat - self._y_train).T.dot(y_hat - self._y_train)) / self._m
        return mse
    def fit(self, X_train, y_train, epochs=10000, learning_rate=0.001):
        """
        This function uses vanilla gradient descent to solve for weights of this model.
        Args:
            X_train (ndarray): 2d-array for feature matrix of training data.
            y_train (ndarray): 1d-array for target vector of training data.
            epochs (int): The number of iterations to update the model weights.
            learning_rate (float): The learning rate of gradient descent.
        """
        self._X_train = X_train.copy()
        self._y_train = y_train.copy()
        self._m = self._X_train.shape[0]
```

```python
        if self._fit_intercept:
            X0 = np.ones((self._m, 1), dtype=float)
            self._X_train = np.concatenate([X0, self._X_train], axis=1)
        n = self._X_train.shape[1]
        self._w = np.random.rand(n)
        n_prints = 10
        print_iter = epochs // n_prints
        w_history = dict()
        for i in range(epochs):
            current_w = self._w.copy()
            w_history[i] = current_w
            mse = self.mean_squared_error()
            gradient = self.find_gradient()
            if i % print_iter == 0:
                print("epoch: {:6} - loss: {:.6f}".format(i, mse))
            self._w -= learning_rate*gradient
        w_ravel = self._w.copy().ravel()
        self.intercept_ = w_ravel[0]
        self.coef_ = w_ravel[1:]
        self._w_history = w_history
    def predict(self, X_test):
        """
        This function returns predicted values with weights of this model.
        Args:
            X_test (ndarray): 2d-array for feature matrix of test data.
        """
        self._X_test = X_test
        m = self._X_test.shape[0]
        if self._fit_intercept:
            X0 = np.ones((m, 1), dtype=float)
            self._X_test = np.concatenate([X0, self._X_test], axis=1)
        y_pred = np.dot(self._X_test, self._w)
        return y_pred
```

In [22]:
```
h = GradientDescent(fit_intercept=False)
h.fit(X_train, y_train, epochs=20000, learning_rate=0.001)
```

```
epoch:     0 - loss: 1395.016289
epoch:  2000 - loss: 0.467521
epoch:  4000 - loss: 0.087119
epoch:  6000 - loss: 0.016234
epoch:  8000 - loss: 0.003025
epoch: 10000 - loss: 0.000564
epoch: 12000 - loss: 0.000105
epoch: 14000 - loss: 0.000020
epoch: 16000 - loss: 0.000004
epoch: 18000 - loss: 0.000001
```

In [23]:
```
print(h.intercept_) # 截距項
print(h.coef_)      # 係數項
```

```
4.9992312515155835
[6.00011042]
```

最後我們將自訂的梯度遞減預測器類別應用在真實的 players 資料，並且與 Scikit-Learn 預測器類別、正規方程類別所求得的 w 比對。

In [24]:
```
X = players['heightMeters'].values.astype(float).reshape(-1, 1)
y = players['weightKilograms'].values.astype(float)
X_train, X_valid, y_train, y_valid = train_test_split(X, y, test_size=0.33,
random_state=42)
h = GradientDescent()
h.fit(X_train, y_train, epochs=300000, learning_rate=0.01)
```

```
epoch:       0 - loss: 9727.248118
epoch:  30000 - loss: 53.087449
epoch:  60000 - loss: 49.159273
epoch:  90000 - loss: 48.548584
epoch: 120000 - loss: 48.453643
epoch: 150000 - loss: 48.438884
epoch: 180000 - loss: 48.436589
epoch: 210000 - loss: 48.436232
epoch: 240000 - loss: 48.436177
epoch: 270000 - loss: 48.436168
```

In [25]:
```python
print(h.intercept_) # 截距項
print(h.coef_)      # 係數項
```

```
-104.2096510036928
[101.81974607]
```

In [26]:
```python
# 預測
y_pred = h.predict(X_valid)
y_pred[:10]
```

Out [26]:
```
array([107.57542082, 82.1204843 , 100.4480386 , 105.5390259 ,
        95.35705129, 112.66640812,  92.30245891,  92.30245891,
        97.39344621,  95.35705129])
```

比對 w 與前十筆預測值可以驗證自行定義的 GradientDescent 類別與 Scikit-Learn 求解的邏輯相近。

我們用簡潔的一段話總結數值預測任務：面對屬於連續型的數值目標向量 y，讓電腦程式透過觀察訓練資料 $X^{(train)}$ 與 $y^{(train)}$，基於最小化 $y^{(train)}$ 與

$\hat{y}^{(train)}$ 間的誤差 $J(w)$，透過正規方程或者梯度遞減的演算方法，尋找出係數向量 w^* 建構出一個 $h(X;w^*)$ 去近似假設存在能完美對應 X 和 y 的 f。

5.8 標準化與進階的梯度遞減

目前自行定義的 GradientDescent 類別是屬於單純的最適化手法，為什麼用「單純」來形容？我們再回顧梯度遞減的核心概念：

$$w := w - \alpha \frac{\partial J}{\partial w} \tag{5.36}$$

在這個演算方法可以清楚觀察到 w 的更新依據有兩個：學習速率 α 與梯度 $\frac{\partial J}{\partial w}$，其中學習速率使用一個事先決定的常數，在訓練過程固定不變，梯度也是該次迭代當下的快照；在這樣的設計理念之下，當 w_i 彼此的量值級距差距大，將會發生不效率的最適化。以跑步來比喻，在短距離的場地賽應該要穿著釘鞋與使用九成最大攝氧量的配速競賽、在長距離的路跑賽應該要穿著厚底鞋與使用七成最大攝氧量的配速競賽，然而使用固定的學習速率、只考慮當下的梯度，就像是用同一套裝備與配速去面對距離不同的賽事一般，無法有出色的表現。以 Kaggle 網站所下載回來的艾姆斯房價資料為例，若以其中的 GrLivArea 作為特徵矩陣來預測目標向量 SalePrice，以 Scikit-Learn 的 LinearRegression 預測器類別可以獲知 w^*。

In [27]:
```
train = pd.read_csv("https://kaggle-getting-started.s3-ap-northeast-1.
amazonaws.com/house-prices/train.csv")
X = train['GrLivArea'].values.reshape(-1, 1)
y = train['SalePrice'].values
X_train, X_valid, y_train, y_valid = train_test_split(X, y, test_size=0.33,
random_state=42)
lr = LinearRegression()
lr.fit(X_train, y_train)
print(lr.intercept_)
print(lr.coef_)
```
```
30774.037736162078
[98.50395317]
```

如果使用自行定義的 GradientDescent 類別，會發現不論怎麼調整學習速率、增加訓練的迭代次數，w 都離理想值距離甚遠。

In [28]:
```
h = GradientDescent()
h.fit(X_train, y_train, epochs=500000, learning_rate=1e-7) # 無法使用更大
的學習速率，誤差會高到發生溢位
```
```
epoch:      0 - loss: 38051606006.512634
epoch:  50000 - loss: 3240902379.450190
epoch: 100000 - loss: 3240693358.485150
epoch: 150000 - loss: 3240484776.905393
epoch: 200000 - loss: 3240276633.787285
epoch: 250000 - loss: 3240068928.209129
epoch: 300000 - loss: 3239861659.251170
epoch: 350000 - loss: 3239654825.995579
epoch: 400000 - loss: 3239448427.526465
epoch: 450000 - loss: 3239242462.929857
```

In [29]:
```python
print(h.intercept_)
print(h.coef_)
```

```
322.21983727161654
[116.36489226]
```

In [30]:
```python
def plot_contour(X_train, y_train, w_history, w_0_min, w_0_max, w_1_min,
w_1_max, w_0_star, w_1_star):
    m = X_train.shape[0]
    X0 = np.ones((m, 1), dtype=float)
    X_train = np.concatenate([X0, X_train], axis=1)
    resolution = 100
    W_0, W_1 = np.meshgrid(np.linspace(w_0_min, w_0_max, resolution),
np.linspace(w_1_min, w_1_max, resolution))
    Z = np.zeros((resolution, resolution))
    for i in range(resolution):
        for j in range(resolution):
            w = np.array([W_0[i, j], W_1[i, j]])
            y_hat = np.dot(X_train, w)
            mse = ((y_hat - y_train).T.dot(y_hat - y_train)) / m
            Z[i, j] = mse
    epochs = len(w_history)
    w_0_history = []
    w_1_history = []
    for i in range(epochs):
        w_0_history.append(w_history[i][0])
        w_1_history.append(w_history[i][1])
    fig, ax = plt.subplots()
    CS = ax.contour(W_0, W_1, Z)
    ax.clabel(CS, inline=1, fontsize=10)
```

```
ax.plot(w_0_history, w_1_history, "-", color="blue")
ax.scatter(w_0_star, w_1_star, marker="*", color="red")
ax.set_xlabel("$w_0$")
ax.set_ylabel("$w_1$", rotation=0)
plt.show()
```

這就像是我們先前比喻，沒有針對賽事狀況調整的跑者，在應該加大更新幅度的 w_0（平坦的賽道）卻用了和應該縮減更新幅度的 w_1（陡峭的賽道）一樣的配速或者裝備。

In [31]:
```
w_history = h._w_history
plot_contour(X_train, y_train, w_history, -5000, 35000, -10, 200,
lr.intercept_, lr.coef_[0])
```

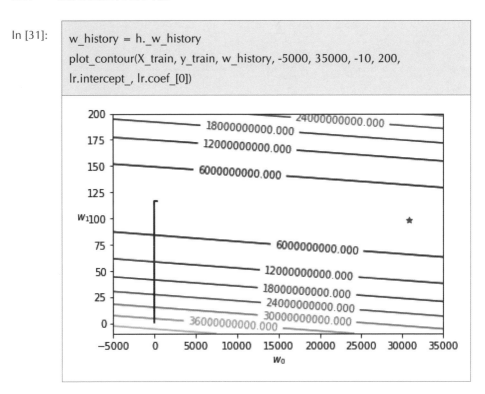

欲使用梯度遞減來進行最適化，通常會搭配兩種技法來增加效率：

1. 特徵矩陣的標準化（Standardization）
2. 進階的梯度遞減演算方法

特徵矩陣的標準化可以使用在機器學習入門章節介紹過的 Scikit-Learn 轉換器：最小最大標準化（Min-max scaler），標準化後得到的 $w^{(scaled)}$ 要再記得實施「逆」轉換。

$$\hat{y} = X^{(scaled)} w^{(scaled)} \tag{5.37}$$

$$= w_0^{(scaled)} x_0 + \sum_i w_i^{(scaled)} x_i^{(scaled)} \tag{5.38}$$

$$= w_0^{(scaled)} + \sum_i w_i^{(scaled)} \frac{x_i - x_i^{(min)}}{x_i^{(max)} - x_i^{(min)}} \tag{5.39}$$

$$w_0 = w_0^{(scaled)} - \sum_{i=1} w_i^{(scaled)} \frac{x_i^{(min)}}{x_i^{(max)} - x_i^{(min)}} \tag{5.40}$$

$$w_i = \sum_{i=1} \frac{w_i^{(scaled)}}{x_i^{(max)} - x_i^{(min)}} \tag{5.41}$$

將已經過最小最大標準化後的特徵矩陣輸入預測器類別訓練，就能得到的 $w^{(scaled)}$。

In [32]:

```
mms = MinMaxScaler()
X_scaled = mms.fit_transform(X)
y = train['SalePrice'].values
X_train, X_valid, y_train, y_valid = train_test_split(X_scaled, y, test_size =
0.33, random_state = 42)
lr = LinearRegression()
lr.fit(X_train, y_train)
print(lr.intercept_) # 截距項
print(lr.coef_)     # 係數項
```

```
63674.358095820746
[522858.98344032]
```

In [33]:

```
h = GradientDescent()
h.fit(X_train, y_train, epochs = 100000, learning_rate = 0.01)
print(h.intercept_) # 截距項
print(h.coef_)     # 係數項
```

```
epoch:     0 - loss: 38574561936.864601
epoch:  10000 - loss: 3197795837.637498
epoch:  20000 - loss: 3142864604.714557
epoch:  30000 - loss: 3141503145.580052
epoch:  40000 - loss: 3141469402.099771
epoch:  50000 - loss: 3141468565.774660
epoch:  60000 - loss: 3141468545.046516
epoch:  70000 - loss: 3141468544.532774
epoch:  80000 - loss: 3141468544.520041
epoch:  90000 - loss: 3141468544.519726
63674.3591206031
[522858.97891743]
```

接著依照「逆」標準化回推 w，發現在最小最大標準化之後，就能順利以自定義的 GradientDescent 類別進行梯度遞減。

In [34]:
```
intercept_rescaled = h.intercept_ - (h.coef_ * mms.data_min_ / mms.data_range_)
coef_rescaled = h.coef_ / mms.data_range_
print(intercept_rescaled) # 截距項
print(coef_rescaled)      # 係數項
```

[30774.03904554]
[98.50395232]

或者常態標準化（Standard scaler），同樣要記得對 $w^{(scaled)}$ 實施「逆」轉換。

$$\hat{y} = X^{(scaled)} w^{(scaled)} \tag{5.42}$$

$$= w_0^{(scaled)} x_0 + \sum_i w_i^{(scaled)} x_i^{(scaled)} \tag{5.43}$$

$$= w_0^{(scaled)} + \sum_i w_i^{(scaled)} \frac{x_i - \mu_{x_i}}{\sigma_{x_i}} \tag{5.44}$$

$$w_0 = w_0^{(scaled)} - \sum_{i=1} w_i^{(scaled)} \frac{\mu_{x_i}}{\sigma_{x_i}} \tag{5.45}$$

$$w_i = \sum_{i=1} \frac{w_i^{(scaled)}}{\sigma_{x_i}} \tag{5.46}$$

將已經過常態標準化後的特徵矩陣輸入預測器類別訓練，就能得到的 $w^{(scaled)}$。

In [35]:
```
ss = StandardScaler()
X_scaled = ss.fit_transform(X)
X_train, X_valid, y_train, y_valid = train_test_split(X_scaled, y, test_
size=0.33, random_state=42)
lr = LinearRegression()
lr.fit(X_train, y_train)
print(lr.intercept_) # 截距項
print(lr.coef_)    # 係數項
```

```
180053.20294084703
[51744.16536903]
```

In [36]:
```
h = GradientDescent()
h.fit(X_train, y_train, epochs=10000, learning_rate=0.001)
print(h.intercept_) # 截距項
print(h.coef_)     # 係數項
```

```
epoch:    0 - loss: 38574730599.218040
epoch:  1000 - loss: 3763987629.644883
epoch:  2000 - loss: 3152443788.694848
epoch:  3000 - loss: 3141662791.806108
epoch:  4000 - loss: 3141471997.043127
epoch:  5000 - loss: 3141468606.167773
epoch:  6000 - loss: 3141468545.625978
epoch:  7000 - loss: 3141468544.539675
epoch:  8000 - loss: 3141468544.520079
epoch:  9000 - loss: 3141468544.519723
180053.2025929845
[51744.16539333]
```

接著依照「逆」標準化回推 w，發現在常態標準化之後，就能順利以自定義的 GradientDescent 類別進行梯度遞減。

In [37]:
```
intercept_rescaled = h.intercept_ - h.coef_ * ss.mean_ / ss.scale_
coef_rescaled = h.coef_ / ss.scale_
print(intercept_rescaled) # 截距項
print(coef_rescaled)      # 係數項
```
```
[30774.0373182]
[98.50395322]
```

另外一種為單純的梯度遞減增加效率的手法是進階的梯度遞減，這些演算方法目前仍處於蓬勃發展的階段，已經廣泛被資料科學家、機器學習工程師應用的有 Momentum、AdaGrad(Adaptive Gradient Descent)、RMSprop(Root mean square propagation) 與 Adam(Adaptive moment estimation)。與單純梯度遞減相較，各個進階梯度遞減都試著從學習速率與梯度這兩方面著手調整，其一是引進調適的學習速率（Adaptive methods），如果距離 $J(w)$ 低點遠就用大的學習速率、反之距離近就用小的學習速率；其二是記錄從訓練開始的梯度量值，藉由過去已實現的梯度來判斷和 $J(w)$ 低點的相對位置，如果歷史梯度都很大，表示離低點遠，如果歷史梯度都很小，表示離低點進。就像是一個懂得在不同距離賽事、穿著適當裝備以及使用相應配速的跑者（在中距離場地賽穿著釘鞋與使用九成最大攝氧量配速、在長距離路跑賽穿著厚底鞋與使用七成最大攝氧量配速）。

我們簡單地以 AdaGrad 為例，AdaGrad 將原本單純梯度遞減的式子改寫為：

$$ssg = \sum_{}^{t-1} (\frac{\partial J}{\partial w})^2 \tag{5.47}$$

$$w := w - \alpha \frac{1}{\epsilon + \sqrt{ssg}} \frac{\partial J}{\partial w} \tag{5.48}$$

$$where \ \epsilon = 10^{-6} \tag{5.49}$$

AdaGrad 演算方法針對不同 w_i 記錄其歷史梯度的平方和藉此來調適學習速率，因為放在分母的緣故，當歷史梯度的平方和愈大，會調降學習速率；反之當歷史梯度的平方和愈小，會調升學習速率，ϵ 會設定一個極小值（例如 tf.keras 使用 1e-06）避免分母為零的情況發生。

自定義一個 AdaGrad 類別繼承 GradientDescent 類別並改寫其 fit() 方法由原本的單純梯度遞減變為 AdaGrad。

In [38]:
```
class AdaGrad(GradientDescent):
    """
    This class defines the Adaptive Gradient Descent algorithm for linear
    regression.
    """
    def fit(self, X_train, y_train, epochs=10000, learning_rate=0.01,
    epsilon=1e-06):
        self._X_train = X_train.copy()
        self._y_train = y_train.copy()
        self._m = self._X_train.shape[0]
        if self._fit_intercept:
            X0 = np.ones((self._m, 1), dtype=float)
            self._X_train = np.concatenate([X0, self._X_train], axis=1)
        n = self._X_train.shape[1]
        self._w = np.random.rand(n)
        # 初始化 ssg
        ssg = np.zeros(n, dtype=float)
        n_prints = 10
        print_iter = epochs // n_prints
```

```
w_history = dict()
for i in range(epochs):
    current_w = self._w.copy()
    w_history[i] = current_w
    mse = self.mean_squared_error()
    gradient = self.find_gradient()
    ssg += gradient**2
    ada_grad = gradient / (epsilon + ssg**0.5)
    if i % print_iter == 0:
        print("epoch: {:6} - loss: {:.6f}".format(i, mse))
    # 以 adaptive gradient 更新 w
    self._w -= learning_rate*ada_grad
w_ravel = self._w.copy().ravel()
self.intercept_ = w_ravel[0]
self.coef_ = w_ravel[1:]
self.w_history = w_history
```

In [39]:
```
X_train, X_valid, y_train, y_valid = train_test_split(X, y, test_size=0.33,
random_state=42)
lr = LinearRegression()
lr.fit(X_train, y_train)
print(lr.intercept_) # 截距項
print(lr.coef_)    # 係數項
```

```
30774.037736162078
[98.50395317]
```

In [40]:
```
h = AdaGrad()
h.fit(X_train, y_train, epochs=500000, learning_rate=100)
print(h.intercept_) # 截距項
print(h.coef_)    # 係數項
```

```
epoch:      0 - loss: 38445917993.077576
epoch:  50000 - loss: 3146435374.819119
epoch: 100000 - loss: 3141887793.680318
epoch: 150000 - loss: 3141504799.902792
epoch: 200000 - loss: 3141471686.153493
epoch: 250000 - loss: 3141468816.799205
epoch: 300000 - loss: 3141468568.118027
epoch: 350000 - loss: 3141468546.564972
epoch: 400000 - loss: 3141468544.696979
epoch: 450000 - loss: 3141468544.535080
30773.92524140127
[98.50401916]
```

 In [41]:

```
w_history = h._w_history
plot_contour(X_train, y_train, w_history, -5000, 35000, -10, 200,
lr.intercept_, lr.coef_[0])
```

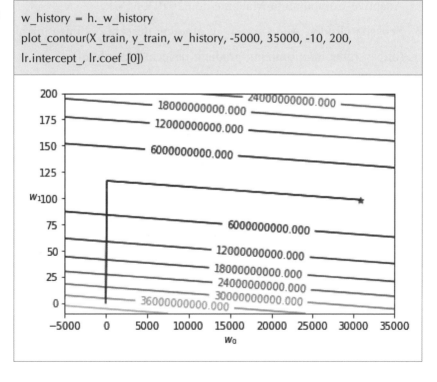

改採用 AdaGrad 類別後發現即便沒有進行特徵矩陣的標準化，也能夠順利最適化 w。在實際採用梯度遞減進行最適化時，通常會將標準化與進階演算手法兩者搭配運作，這也是為什麼在 Kaggle 網站上看到很多採用高階機器學習框架的專案範例，都會對特徵矩陣做標準化並指定參數 optimizer 為 RMSprop、Adam 或 Adagrad 的緣由。

5.9 延伸閱讀

1. Machine Learning Basics. In: Ian Goodfellow ,Yoshua Bengio, and Aaron Courville, Deep Learning (https://www.amazon.com/Deep-Learning-Adaptive-Computation-Machine/dp/0262035618/)

2. Sebastian Ruder: An overview of gradient descent optimization algorithms (https://ruder.io/optimizing-gradient-descent/index.html)

3. Training Models. In: Aurélien Géron, Hands-On Machine Learning with Scikit-Learn, Keras, and TensorFlow (https://www.amazon.com/Hands-Machine-Learning-Scikit-Learn-TensorFlow/dp/1492032646/)

4. Normal Equation (http://mlwiki.org/index.php/Normal_Equation)

5. Computational complexity (https://en.wikipedia.org/wiki/Computational_complexity)

6. Gradient descent (https://en.wikipedia.org/wiki/Gradient_descent)

6

類別預測的任務

我們先載入這個章節範例程式碼中會使用到的第三方套件模組或者其中的部分函式、功能。

In [1]:
```
from pyvizml import CreateNBAData
import requests
import numpy as np
import pandas as pd
import matplotlib.pyplot as plt
from sklearn.model_selection import train_test_split
from sklearn.linear_model import LogisticRegression
from sklearn.preprocessing import LabelEncoder
from sklearn.preprocessing import OneHotEncoder
```

6.1 關於類別預測的任務

「類別預測」是「監督式學習」的其中一種應用類型，當預測的目標向量 y 屬於離散型的類別變數，那我們就能預期正在面對類別預測的任務，它更廣泛被眾人知悉的名稱為「分類器」。例如預測的目標向量 y 是 player_stats 資料中的 pos，在資料類別中屬於離散型的類別 object；具體來說，分類器想方設法地以一組係數向量 w 計算特徵矩陣 X 對應目標向量中每個類別的機率，再從中挑選出最高的機率來預測類別，與迴歸模型相同的是利用係數向量建構出用來逼近 f 的 h，不同的是迴歸模型輸出的 $\hat{y}$ 就是預測值，而分類器所輸出的 $\hat{p}$ 僅是類別的預測機率，需要經過一個 *argmax* 函式轉換為 $\hat{y}$。

我們也可依 Tom Mitchel 對機器學習電腦程式的定義寫下分類預測的資料、任務、評估與但書，以預測 player_stats 資料中的 pos 為例：

- 資料（Experience）：一定數量的球員資料
- 任務（Task）：利用模型預測球員的是前鋒或後衛
- 評估（Performance）：模型預測的鋒衛位置與球員實際鋒衛位置的誤分類數
- 但書（Condition）：隨著資料觀測值筆數增加，預測誤分類數應該要減少

| In [2]: | ```
# create_player_stats_df() 方法要對 data.nba.net 發出數百次的 HTTP 請求，
等待時間會較長，要請讀者耐心等候
cnd = CreateNBAData(season_year = 2019)
player_stats = cnd.create_player_stats_df()
player_stats['pos'].dtype
``` |
|---|---|
| | Creating players df...
Creating players df...
Creating player stats df... |
| Out [2]: | dtype('O') |

player_stats 資料中的 pos 有 7 個不同的類別：

| In [3]: | ```
print(player_stats['pos'].unique())
print(player_stats['pos'].nunique())
``` |
|---|---|
| Out [3]: | ['G' 'C' 'C-F' 'F-C' 'F' 'F-G' 'G-F']
7 |

我們先將多元分類問題簡化為二元分類問題，鋒衛位置分作前鋒（F）與
後衛（G），分別對應整數 1 與整數 0。

| In [4]: | ```
pos_dict = {
    0: 'G',
    1: 'F'
}
pos = player_stats['pos'].values
pos_binary = np.array([0 if p[0] == 'G' else 1 for p in pos])
np.unique(pos_binary)
``` |
|---|---|
| Out [4]: | array([0, 1]) |
```

6.2 以 Scikit-Learn 預測器完成類別預測任務

將 apg 與 rpg 當作特徵矩陣為例，特徵矩陣 X 與目標向量 y 之間的關聯可以這樣描述：

$$\hat{y} = 1, \quad if \ \hat{p}(y = 1|X; w) \geq \hat{p}(y = 0|X; w) \tag{6.1}$$

$$\hat{y} = 0, \quad if \ \hat{p}(y = 1|X; w) < \hat{p}(y = 0|X; w) \tag{6.2}$$

以 Scikit-Learn 定義好的預測器類別 LogisticRegression 可以計算特徵矩陣對應類別的預測機率。

In [5]:
```
X = player_stats[['apg', 'rpg']].values.astype(float)
y = pos_binary
X_train, X_valid, y_train, y_valid = train_test_split(X, y, test_size=0.33, random_state=42)
h = LogisticRegression(C=1e06) # 預測器的正規化程度
h.fit(X_train, y_train)
print(h.intercept_)
print(h.coef_)
```

Out [5]:
```
[-1.71621286]
[[-2.75507401  1.96609808]]
```

這裡需要說明初始化 LogisticRegression 類別指定參數 C=1e5 的用意。參數 C 用來描述預測器的正規化（Regularization）程度，當 C 愈大表示正規化效果愈低，反之 C 愈小表示正規化效果愈高，LogisticRegression 類別預設 C=1 這是具有正規化效果的參數設定，由於在本章節後段我們會自訂不具備正規化效果的 LogitReg 類別驗證我們對演算方法的理解，為了比較最適化的 w 得先將 Scikit-Learn 模型的正規化效果降到很低。有關於「正規化」的技法，將在「表現的評估」章節中介紹給讀者認識，假如讀者目前感到困惑，可待讀過表現的評估等本書後面的章節，再回來複習。

LogisticRegression 類別的 predict_proba 方法輸出的數值陣列外觀為 (m,n)，其中 m 是特徵矩陣的觀測值個數，n 則是目標向量的獨一值，也就是類別的個數，以目前的二元分類（後衛 vs. 前鋒）問題來說，n 等於 2，第 0 欄是預測為類別 0 的機率 $\hat{p}(y=0|X;w)$、第 1 欄是預測為類別 1 的機率 $\hat{p}(y=1|X;w)$。

In [6]:

```
p_hat = h.predict_proba(X_valid)
p_hat[:10, :]
```

Out [6]:

```
array([[1.24174853e-02, 9.87582515e-01],
       [9.99405251e-01, 5.94749246e-04],
       [6.13059991e-01, 3.86940009e-01],
       [3.53652646e-01, 6.46347354e-01],
       [3.81597551e-01, 6.18402449e-01],
       [3.01194136e-02, 9.69880586e-01],
       [8.47640386e-01, 1.52359614e-01],
       [2.47843181e-01, 7.52156819e-01],
       [8.14691640e-01, 1.85308360e-01],
       [4.77310176e-01, 5.22689824e-01]])
```

應用 np.argmax 函式回傳最大的欄位數，就能夠得到 $\hat{y}$。

In [7]:
```
y_pred = np.argmax(p_hat, axis = 1)
y_pred[:10]
```

Out [7]:
```
array([1, 0, 0, 1, 1, 1, 0, 1, 0, 1])
```

最後使用 pos_dict 將整數對應回鋒衛位置的文字外觀。

In [8]:
```
y_pred_label = [pos_dict[i] for i in y_pred]
y_pred_label[:10]
```

Out [8]:
```
['F', 'G', 'G', 'F', 'F', 'F', 'G', 'F', 'G', 'F']
```

若是將 h 的機率輸出在一個區間之內，例如在所有球員的場均助攻 apg 與場均籃板 rpg 均勻切割 50 個資料點，在平面上就可以對應出 2,500 個場均助攻和場均籃板的組合，每個組合都輸入 h 得到一組機率組合 $\hat{p}(y=0|X;w)$ 與 $\hat{p}(y=1|X;w)$；假設將全部 2,500 個資料點的 $\hat{p}(y=1|X;w)$ 視作海拔高度、場均助攻視作經度、場均籃板視作緯度，我們可以描繪出一個填滿等高線圖（Contour-filledplot）。

In [9]:
```
resolution = 50
apg = player_stats['apg'].values.astype(float)
rpg = player_stats['rpg'].values.astype(float)
X1 = np.linspace(apg.min() - 0.5, apg.max() + 0.5, num = resolution).
reshape(-1, 1)
X2 = np.linspace(rpg.min() - 0.5, rpg.max() + 0.5, num = resolution).
reshape(-1, 1)
APG, RPG = np.meshgrid(X1, X2)
```

In [10]:
```python
def plot_contour_filled(XX, YY, resolution = 50):
    PROBA = np.zeros((resolution, resolution))
    for i in range(resolution):
        for j in range(resolution):
            xx_ij = XX[i, j]
            yy_ij = YY[i, j]
            X_plot = np.array([xx_ij, yy_ij]).reshape(1, -1)
            z = h.predict_proba(X_plot)[0, 1]
            PROBA[i, j] = z
    fig, ax = plt.subplots()
    CS = ax.contourf(XX, YY, PROBA, cmap = 'RdBu')
    ax.set_title("Probability of being predicted as a forward")
    ax.set_xlabel("Assists per game")
    ax.set_ylabel("Rebounds per game")
    fig.colorbar(CS, ax = ax)
    plt.show()
```

In [11]:
```python
plot_contour_filled(APG, RPG)
```

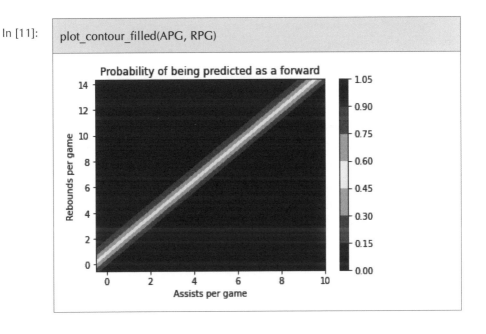

從填滿等高線圖中我們可以看出場均籃板與被 h 預測為前鋒的機率有正向的相關性、場均助攻與被 h 預測為前鋒的機率有反向的相關性，這一點與場上籃球員的分工相符，擔任中鋒與大前鋒的球員比較擅長爭搶籃板球、擔任後衛的球員比較擅長傳球助攻；而圖中左下到右上有一段帶狀區間，被稱作「決策邊界」（Decision boundary），決策邊界能夠隨著門檻（Threshold）設定往左上角或右下角移動，預設的門檻多半設定在 50%，亦即由 h 預測出的 $\hat{p}$ 如果大於 50%，就輸出 $\hat{y}=1$，否則輸出 $\hat{y}=0$。

In [12]:
```python
def plot_decision_boundary(XX, YY, x, y, target_vector, pos_dict, h,
resolution=50):
    Y_hat = np.zeros((resolution, resolution))
    for i in range(resolution):
        for j in range(resolution):
            xx_ij = XX[i, j]
            yy_ij = YY[i, j]
            X_plot = np.array([xx_ij, yy_ij]).reshape(1, -1)
            z = h.predict(X_plot)
            Y_hat[i, j] = z
    fig, ax = plt.subplots()
    CS = ax.contourf(XX, YY, Y_hat, alpha=0.2, cmap='RdBu')
    colors = ['red', 'blue']
    unique_categories = np.unique(target_vector)
    for color, i in zip(colors, unique_categories):
        xi = x[target_vector == i]
        yi = y[target_vector == i]
        ax.scatter(xi, yi, c=color, edgecolor='k', label="{}".format(pos_dict[i]),
alpha=0.6)
    ax.set_title("Decision boundary of Forwards vs. Guards")
    ax.set_xlabel("Assists per game")
```

```
ax.set_ylabel("Rebounds per game")
ax.legend()
plt.show()
```

 In [13]:

```
plot_decision_boundary(APG, RPG, apg, rpg, y, pos_dict, h)
```

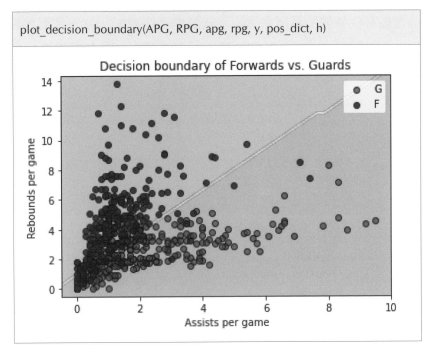

再將特徵矩陣 X 描繪在依據 h 所得的決策邊界，就可以觀察到誤分類觀測值：藍色的資料點落在紅色的決策邊界（真實位置為前鋒、預測位置為後衛）、紅色的資料點落在藍色的決策邊界（真實位置為後衛、預測位置為前鋒）。以 LogisticRegression 類別找出 h 的最關鍵方法，與迴歸模型相同是呼叫 fit() 方法，究竟它是如何決定 X_train 與 y_train 之間的關聯？接下來我們試圖理解它。

6.3 羅吉斯迴歸

羅吉斯迴歸（Logistic Regression）分類器在機器學習領域中扮演著承先啟後的橋樑，能夠協助我們由數值預測過渡至類別預測的任務、再過渡至自動尋找特徵的深度學習。從前述例子中得知，欲得到對於特徵矩陣 X 的類別預測 $\hat{y}$，必須先得到類別預測機率 $\hat{p}$，羅吉斯迴歸分類器透過 Sigmoid 函式（亦稱 S 函式、Logistic 函式），這裡使用 σ 表示。

$$\hat{p} = \sigma(Xw) = \frac{1}{1 + e^{-Xw}} \tag{6.3}$$

In [14]:
```python
def sigmoid(x):
    return(1 / (1 + np.exp(-x)))
```

In [15]:
```python
def plot_sigmoid():
    x = np.linspace(-6, 6, 100)
    y = sigmoid(x)
    fig = plt.figure()
    ax = plt.axes()
    ax.plot(x, y)
    ax.axvline(0, color = 'black')
    ax.axhline(y = 0, ls = ':', color = 'k', alpha = 0.5)
    ax.axhline(y = 0.5, ls = ':', color = 'k', alpha = 0.5)
    ax.axhline(y = 1, ls = ':', color = 'k', alpha = 0.5)
    ax.set_yticks([0.0, 0.5, 1.0])
    ax.set_ylim(-0.1, 1.1)
    ax.set_title("Sigmoid function")
    plt.show()
```

In [16]: | `plot_sigmoid()`

Out [1]:

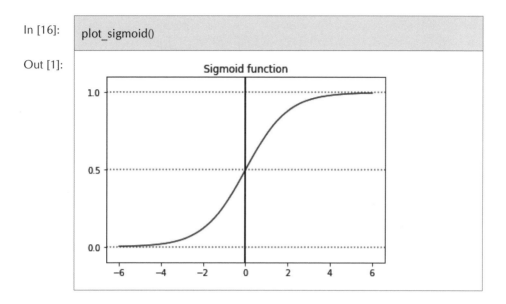

Sigmoid 函式將迴歸模型的輸出 Xw 映射至 [0,1] 之間後我們就能獲得 $\hat{p}$，並依據門檻值獲得 $\hat{y}$。

$$\hat{y} = 1, \quad if\ \hat{p} \geq 0.5 \tag{6.4}$$

$$\hat{y} = 0, \quad if\ \hat{p} < 0.5 \tag{6.5}$$

截至於此，資料（Experiment）與任務（Task）已經被定義妥善，特徵矩陣 X 外觀 (m, n)、目標向量 y 外觀 $(m,)$、係數向量 w 外觀 $(n,)$，通過將 X 輸入 h 來預測 $\hat{y}$，h 的組成則可以拆解成 Sigmoid 函式 σ 以及門檻值比較兩道程序，為了方便，我們將門檻值比較表示為階躍函式（Stepfunction）χ。

$$\hat{y} = h(X; w) \tag{6.6}$$
$$= \chi(\sigma(Xw)) \tag{6.7}$$

其中，

$$\sigma(x) = \frac{1}{1 + exp(-x)} \qquad (6.8)$$

$$\chi(z) = 1, \quad if \ z \geq 0.5 \qquad (6.9)$$

$$\chi(z) = 0, \quad if \ z < 0.5 \qquad (6.10)$$

接下來還需要定義評估（Performance），在數值預測任務中評估 h 性能的
方法是計算 $\hat{y}$ 與 y 之間的均方誤差（Mean squared error），但是在類別預
測任務中則是計算 $\hat{y}$ 與 y 之間的誤分類觀測值個數，當誤分類數愈低，分
類器的表現愈好。

$$Min. \sum_i | \hat{y}_i^{(train)} \neq y_i^{(train)} | \qquad (6.11)$$

羅吉斯迴歸使用交叉熵（Cross-entropy）函式作為量測 $J(w)$，這個函式的
組成有兩個部分。

$$J(w) = -\frac{1}{m} log(\sigma(Xw)), \quad if \ y = 1 \qquad (6.12)$$

$$J(w) = -\frac{1}{m} log(1 - \sigma(Xw)), \quad if \ y = 0 \qquad (6.13)$$

設計以交叉熵函式的巧妙之處在於讓誤分類的成本趨近無限大，亦即當
真實的類別 y 為 1，$\sigma(Xw)$ 若離 0 比較近，預測為類別 0 的機率較高，則
成本將趨近無限大；而當真實的類別 y 為 0，$\sigma(Xw)$ 若離 1 比較近，預測
為類別 1 的機率較高則成本將趨近無限大。

In [17]:
```python
def plot_cross_entropy():
    epsilon = 1e-5
    h = np.linspace(epsilon, 1-epsilon) # 利用微小值 epsilon 避免 log(0) 的錯誤
    y1 = -np.log(h)
    y2 = -np.log(1 - h)
    fig, ax = plt.subplots(1, 2, figsize = (8, 4))
    ax[0].plot(h, y1)
    ax[0].set_title("$y = 1$\n$-\log(\sigma(Xw))$")
    ax[0].set_xticks([0, 1])
    ax[0].set_xticklabels([0, 1])
    ax[0].set_xlabel("$\sigma(Xw)$")
    ax[1].plot(h, y2)
    ax[1].set_title("$y = 0$\n$-\log(1-\sigma(Xw))$")
    ax[1].set_xticks([0, 1])
    ax[1].set_xticklabels([0, 1])
    ax[1].set_xlabel("$\sigma(Xw)$")
    plt.tight_layout()
    plt.show()
```

In [18]:
```python
plot_cross_entropy()
```

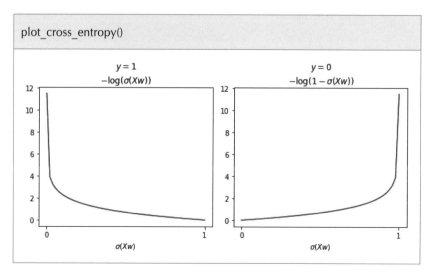

將 y 與 $1-y$ 加入 $J(w)$，可以把兩個情境（$y=0$ 或 $y=1$）的成本函數合而為一。

$$J(w) = \frac{1}{m}(-ylog(\sigma(Xw)) - (1-y)log(1-\sigma(Xw))) \qquad (6.14)$$

當 $y=1$ 時，$J(w)$ 只剩下前項；當 $y=0$ 時，$J(w)$ 只剩下後項，巧妙的交叉熵函式特性依然被具體地留存下來，合而為一的優點在於便利接下來應用「梯度遞減」演算方法。我們希望可以運用在迴歸模型中提到的「梯度遞減」演算方法找到一組係數向量 w，這組係數向量能夠讓 $J(w)$ 儘可能降低，根據梯度遞減的演算方法，下一步需要求解 $J(w)$ 關於 w 的偏微分。

$$w := w - \alpha\frac{\partial J}{\partial w} \qquad (6.15)$$

想順利求解 $J(w)$ 關於 w 的偏微分之前，得具備三個先修知識：

1. 連鎖法則（Chain rule）
2. e^x 關於 x 的微分
3. $log(x)$ 關於 x 的微分

我們發現 $J(w)$ 函式是一個由多個不同函式複合而成的，先是結合了 Sigmoid 函式 σ；再來是 log 函式，欲求解複合函式偏微分，就得仰賴連鎖法則。假設 f 和 g 為兩個關於 x 的可微函式，其複合函式關於 x 的微分：

$$(f \circ g)(x) = f(g(x)) \qquad (6.16)$$
$$(f \circ g)'(x) = f'(g(x))g'(x) \qquad (6.17)$$

e^x 關於 x 的微分：

$$\frac{d}{dx}e^x = e^x \tag{6.18}$$

$log(x)$ 關於 x 的微分：

$$\frac{d}{dx}log(x) = \frac{1}{x} \tag{6.19}$$

具備先修知識以後，接下來要推導 $J(w)$ 關於 w 的偏微分：

$$\frac{\partial}{\partial w}J = \frac{\partial}{\partial w}(-ylog(\sigma(Xw)) - (1-y)log(1-\sigma(Xw))) \tag{6.20}$$

$$= -y\frac{\partial}{\partial w}log(\sigma(Xw)) - (1-y)\frac{\partial}{\partial w}(log(1-\sigma(Xw))) \tag{6.21}$$

將前式拆解成兩部分，首先計算 $log(\sigma(Xw))$ 關於 w 的微分：

$$\frac{\partial}{\partial w}log(\sigma(Xw)) = \frac{\partial}{\partial w}log(\sigma(Xw)) \cdot \frac{\partial}{\partial w}(\sigma(Xw)) \tag{6.22}$$

$$= \frac{1}{\sigma(Xw)} \cdot \sigma'(Xw) \cdot \frac{\partial}{\partial w}Xw \tag{6.23}$$

$$= \frac{1}{\sigma(Xw)} \cdot \sigma'(Xw) \cdot X \tag{6.24}$$

再接著計算 $log(1-\sigma(Xw))$ 關於 w 的微分：

$$\frac{\partial}{\partial w}log(1-\sigma(Xw)) = \frac{\partial}{\partial w}log(1-\sigma(Xw)) \cdot \frac{\partial}{\partial w}(1-\sigma(Xw)) \tag{6.25}$$

$$= \frac{1}{1-\sigma(Xw)} \cdot (-\sigma'(Xw) \cdot \frac{\partial}{\partial w}Xw) \tag{6.26}$$

$$= \frac{1}{1-\sigma(Xw)} \cdot (-\sigma'(Xw) \cdot X) \tag{6.27}$$

兩部分都得先計算 $\sigma'(Xw)$ 也就是 Sigmoid 函式關於 w 的微分，才能夠繼續推導。

$$\sigma'(Xw) = \frac{\partial}{\partial w}\frac{1}{1+e^{-Xw}} = \frac{\partial}{\partial w}(1+e^{-Xw})^{-1} \tag{6.28}$$

$$= \frac{-\frac{\partial}{\partial w}(1+e^{-Xw})}{(1+e^{-Xw})^2} \tag{6.29}$$

分子部分我們得先推導 e^{-x} 關於 x 的微分。

$$\frac{d}{dx}e^{-x} = \frac{d}{dx}\frac{1}{e^x} = \frac{-\frac{d}{dx}e^x}{(e^x)^2} = \frac{-e^x}{(e^x)^2} = \frac{-1}{e^x} = -e^{-x} \tag{6.30}$$

於是 $\sigma'(Xw)$ 就可以寫成：

$$\sigma'(Xw) = \frac{-\frac{\partial}{\partial w}e^{-Xw}}{(1+e^{-Xw})^2} = \frac{e^{-Xw}}{(1+e^{-Xw})^2} \tag{6.31}$$

$$= \frac{e^{-Xw}}{(1+e^{-Xw})\cdot(1+e^{-Xw})} \tag{6.32}$$

接下來的推導有些狡猾，需要在分子設計一個 +1-1。

$$\sigma'(Xw) = \frac{e^{-Xw}}{(1+e^{-Xw})\cdot(1+e^{-Xw})} \tag{6.33}$$

$$= \frac{1}{1+e^{-Xw}}\cdot\frac{e^{-Xw}+1-1}{1+e^{-Xw}} = \frac{1}{1+e^{-Xw}}\cdot\left(\frac{1+e^{-Xw}}{1+e^{-Xw}} - \frac{1}{1+e^{-Xw}}\right) \tag{6.34}$$

$$= \frac{1}{1+e^{-Xw}}\cdot\left(1 - \frac{1}{1+e^{-Xw}}\right) \tag{6.35}$$

$$= \sigma(Xw)(1-\sigma(Xw)) \tag{6.36}$$

推導出 $\sigma'(Xw)$，再回去計算未完的兩部分。

$$\frac{\partial}{\partial w} log(\sigma(Xw)) = \frac{1}{\sigma(Xw)} \cdot \sigma'(Xw) \cdot X \qquad (6.37)$$

$$= \frac{1}{\sigma(Xw)} \sigma(Xw)(1 - \sigma(Xw))X \qquad (6.38)$$

$$= (1 - \sigma(Xw))X \qquad (6.39)$$

$$\frac{\partial}{\partial w} log(1 - \sigma(Xw)) = \frac{1}{1 - \sigma(Xw)} \cdot (-\sigma'(Xw)) \cdot X \qquad (6.40)$$

$$= \frac{1}{1 - \sigma(Xw)} (-(\sigma(Xw)(1 - \sigma(Xw)))X) \qquad (6.41)$$

$$= -\sigma(Xw)X \qquad (6.42)$$

最後回到 $J(w)$ 關於 w 的偏微分。

$$\frac{\partial J}{\partial w} = \frac{1}{m}(-y(1 - \sigma(Xw))X - (1 - y)(-\sigma(Xw)X)) \qquad (6.43)$$

$$= \frac{1}{m}(-X^T y + y\sigma(Xw)X + X^T \sigma(Xw) - y\sigma(Xw)X) \qquad (6.44)$$

$$= \frac{1}{m}(-X^T y + X^T \sigma(Xw)) \qquad (6.45)$$

$$= \frac{1}{m}(X^T(\sigma(Xw) - y)) \qquad (6.46)$$

我們終於將「梯度」的公式推導完畢，與迴歸模型相同，在迭代過程中 w 更新的方向性取決於梯度正負號，如果梯度為正，w 會向左更新（減小）；如果梯度為負，w 會向右更新（增大）。

$$w := w - \alpha\frac{1}{m}(X^T(\sigma(Xw) - y)) \qquad (6.47)$$

6.4 自訂羅吉斯迴歸類別 LogitReg

我們可以依據羅吉斯迴歸的定義自訂預測器類別，檢視迭代後的 w 是否與 Scikit-Learn 相近、交叉熵是否隨著迭代而下降。

In [19]:

```python
class LogitReg:
    """
    This class defines the vanilla descent algorithm for logistic regression.
    Args:
        fit_intercept (bool): Whether to add intercept for this model.
    """
    def __init__(self, fit_intercept=True):
        self._fit_intercept = fit_intercept
    def sigmoid(self, X):
        """
        This function returns the Sigmoid output as a probability given certain
        model weights.
        """
        X_w = np.dot(X, self._w)
        p_hat = 1 / (1 + np.exp(-X_w))
        return p_hat
    def find_gradient(self):
        """
        This function returns the gradient given certain model weights.
        """
        m = self._m
        p_hat = self.sigmoid(self._X_train)
        X_train_T = np.transpose(self._X_train)
        gradient = (1/m) * np.dot(X_train_T, p_hat - self._y_train)
        return gradient
```

```
def cross_entropy(self, epsilon = 1e-06):
    """
    This function returns the cross entropy given certain model weights.
    """
    m = self._m
    p_hat = self.sigmoid(self._X_train)
    cost_y1 = -np.dot(self._y_train, np.log(p_hat + epsilon))
    cost_y0 = -np.dot(1 - self._y_train, np.log(1 - p_hat + epsilon))
    cross_entropy = (cost_y1 + cost_y0) / m
    return cross_entropy
def fit(self, X_train, y_train, epochs = 10000, learning_rate = 0.001):
    """
    This function uses vanilla gradient descent to solve for weights of this
model.
    Args:
        X_train (ndarray): 2d-array for feature matrix of training data.
        y_train (ndarray): 1d-array for target vector of training data.
        epochs (int): The number of iterations to update the model weights.
        learning_rate (float): The learning rate of gradient descent.
    """
    self._X_train = X_train.copy()
    self._y_train = y_train.copy()
    m = self._X_train.shape[0]
    self._m = m
    if self._fit_intercept:
        X0 = np.ones((self._m, 1), dtype = float)
        self._X_train = np.concatenate([X0, self._X_train], axis = 1)
    n = self._X_train.shape[1]
    self._w = np.random.rand(n)
    n_prints = 10
    print_iter = epochs // n_prints
```

```
    for i in range(epochs):
        cross_entropy = self.cross_entropy()
        gradient = self.find_gradient()
        if i % print_iter == 0:
            print("epoch: {:6} - loss: {:.6f}".format(i, cross_entropy))
        self._w -= learning_rate*gradient
    w_ravel = self._w.ravel().copy()
    self.intercept_ = w_ravel[0]
    self.coef_ = w_ravel[1:].reshape(1, -1)
def predict_proba(self, X_test):
    """
    This function returns predicted probability with weights of this model.
    Args:
        X_test (ndarray): 2d-array for feature matrix of test data.
    """
    m = X_test.shape[0]
    if self._fit_intercept:
        X0 = np.ones((m, 1), dtype=float)
        self._X_test = np.concatenate([X0, X_test], axis=1)
    p_hat_1 = self.sigmoid(self._X_test).reshape(-1, 1)
    p_hat_0 = 1 - p_hat_1
    proba = np.concatenate([p_hat_0, p_hat_1], axis=1)
    return proba
def predict(self, X_test):
    """
    This function returns predicted label with weights of this model.
    Args:
        X_test (ndarray): 2d-array for feature matrix of test data.
    """
    proba = self.predict_proba(X_test)
    y_pred = np.argmax(proba, axis=1)
    return y_pred
```

In [20]:
```
h = LogitReg()
h.fit(X_train, y_train, 100000, 0.01)
print(h.intercept_)
print(h.coef_)
```

```
epoch:      0 - loss: 0.904725
epoch:  10000 - loss: 0.275947
epoch:  20000 - loss: 0.274739
epoch:  30000 - loss: 0.274683
epoch:  40000 - loss: 0.274680
epoch:  50000 - loss: 0.274680
epoch:  60000 - loss: 0.274680
epoch:  70000 - loss: 0.274680
epoch:  80000 - loss: 0.274680
epoch:  90000 - loss: 0.274680
-1.7162124454268828
[[-2.75507425  1.96609802]]
```

In [21]:
```
y_pred = h.predict(X_valid)
y_pred_label = [pos_dict[i] for i in y_pred]
y_pred_label[:10]
```

Out [21]: ['F', 'G', 'G', 'F', 'F', 'F', 'G', 'F', 'G', 'F']

比對 w 與前十筆預測值可以驗證自行定義的 LogitReg 類別與 Scikit-Learn 求解的邏輯相近。

6.5 二元分類延伸至多元分類：One versus rest

瞭解羅吉斯迴歸如何進行二元分類預測任務後，最後將問題還原回本來的多元分類問題，原始資料集中球員的鋒衛位置不只分作前鋒（Forward, F）與後衛（Guard, G）亦有中鋒（Center, C），以及能夠勝任兩個位置的搖擺人（F-G、G-F）等。

In [22]:
```
pos = player_stats['pos'].values
print(np.unique(pos))
print(np.unique(pos).size)
```
```
['C' 'C-F' 'F' 'F-C' 'F-G' 'G' 'G-F']
7
```

將二元分類延伸至多元分類的技巧是直觀的，例如要面對的類別預測任務 h 的目標從輸出 $\hat{y} = \{0,1\}$ 成為了 $\hat{y} = \{0,1,...,5,6\}$，要依據場均助攻、場均籃板將球員分類為 7 個鋒衛位置其中之一。這時可以採取一種 One versus rest（亦稱 One versus all）的技巧，操作方式是訓練 7 個羅吉斯迴歸分類器，每個鋒衛位置一個，輸出預測的類別機率，再以 $argmax$ 函式決定分類預測。

$$\hat{p}_C = \hat{p}(y = 0|X; w) = 1 - \hat{p}(y \neq 0|X; w) \tag{6.48}$$
$$\hat{p}_{C-F} = \hat{p}(y = 1|X; w) = 1 - \hat{p}(y \neq 1|X; w) \tag{6.49}$$
$$\hat{p}_F = \hat{p}(y = 2|X; w) = 1 - \hat{p}(y \neq 2|X; w) \tag{6.50}$$
$$\hat{p}_{F-C} = \hat{p}(y = 3|X; w) = 1 - \hat{p}(y \neq 3|X; w) \tag{6.51}$$
$$\hat{p}_{F-G} = \hat{p}(y = 4|X; w) = 1 - \hat{p}(y \neq 4|X; w) \tag{6.52}$$
$$\hat{p}_G = \hat{p}(y = 5|X; w) = 1 - \hat{p}(y \neq 5|X; w) \tag{6.53}$$
$$\hat{p}_{G-F} = \hat{p}(y = 6|X; w) = 1 - \hat{p}(y \neq 6|X; w) \tag{6.54}$$
$$\hat{p} = argmax(\hat{p}_C, \hat{p}_{C-F}, \hat{p}_F, \hat{p}_{F-C}, \hat{p}_{F-G}, \hat{p}_G, \hat{p}_{G-F}) \tag{6.55}$$

In [23]:

```
unique_pos = player_stats['pos'].unique()
pos_dict = {i: p for i, p in enumerate(unique_pos)}
pos_dict_reversed = {v: k for k, v in pos_dict.items()}
pos_multiple = player_stats['pos'].map(pos_dict_reversed)
print(pos_dict)
print(pos_dict_reversed)
print(np.unique(pos_multiple))
```

```
{0: 'G', 1: 'C', 2: 'C-F', 3: 'F-C', 4: 'F', 5: 'F-G', 6: 'G-F'}
{'G': 0, 'C': 1, 'C-F': 2, 'F-C': 3, 'F': 4, 'F-G': 5, 'G-F': 6}
[0 1 2 3 4 5 6]
```

使用 Scikit-Learn 定義好的 LogisticRegression 類別只需要在初始化時加入
參數 multi_class='ovr' 就能面對多元分類問題。這時 predict_proba 方法輸
出的數值陣列外觀為 (m, n)，其中 m 是特徵矩陣的觀測值個數，n 則是目
標向量的獨一值，也就是類別的個數，以目前的多元分類（C、C-F、F、
F-C、F-G、G、G-F）問題來說，n 等於 7，第 0 欄是預測為類別 0（C）
的機率 $\hat{p}(y=0|X;w)$、第 1 欄是預測為類別 1（C-F）的機率 $\hat{p}(y=1|X;w)$、
第 6 欄是預測為類別 6（G-F）的機率 $\hat{p}(y=6|X;w)$。

In [24]:

```
X = player_stats[['apg', 'rpg']].values.astype(float)
y = pos_multiple
X_train, X_valid, y_train, y_valid = train_test_split(X, y, test_size=0.33,
random_state=42)
h = LogisticRegression(C=1e5, multi_class='ovr')
h.fit(X_train, y_train)
p_hat = h.predict_proba(X_valid)
p_hat[:10]
```

Out [24]:
```
array([[0.00948771, 0.10618846, 0.10813516, 0.17693642, 0.43670401,
        0.06700586, 0.09554238],
       [0.77748262, 0.00158668, 0.00195679, 0.00939342, 0.06109545,
        0.03020358, 0.11828145],
       [0.36334642, 0.01957374, 0.03931401, 0.08027655, 0.28359635,
        0.04937886, 0.16451407],
       [0.20955361, 0.02755559, 0.06565499, 0.11284797, 0.35253646,
        0.05151994, 0.18033144],
       [0.23437795, 0.03348503, 0.05061705, 0.10472033, 0.35048298,
        0.06369875, 0.16261792],
       [0.02200364, 0.08355364, 0.10016853, 0.16809991, 0.44064353,
        0.06784798, 0.11768277],
       [0.4660762 , 0.00868968, 0.03326444, 0.06041734, 0.22125811,
        0.03232719, 0.17796704],
       [0.15965737, 0.05316157, 0.0510323 , 0.11778835, 0.39030225,
        0.08309005, 0.14496812],
       [0.45630382, 0.01006995, 0.0336024 , 0.06276895, 0.22902161,
        0.03480357, 0.1734297 ],
       [0.2820003 , 0.02435055, 0.05048142, 0.09636016, 0.3221153 ,
        0.05246425, 0.17222802]])
```

應用 np.argmax 函式回傳最大的欄位數，就能夠得到 $\hat{y}$。

In [25]:
```
y_pred = np.argmax(p_hat, axis=1)
y_pred[:10]
```

Out [25]:
```
array([4, 0, 0, 4, 4, 4, 0, 4, 0, 4])
```

最後使用 pos_dict_reversed 將整數對應回鋒衛位置的文字外觀。

In [26]:
```
y_pred_label = [pos_dict[i] for i in y_pred]
y_pred_label[:10]
```

Out [26]: ['F', 'G', 'G', 'F', 'F', 'F', 'G', 'F', 'G', 'F']

6.6 二元分類延伸至多元分類：Softmax 函式

除了以 One versus rest 技巧將羅吉斯迴歸延伸為多元分類，另一種更常見的方法則是引入 Softmax 函式替代原本所使用的 Sigmoid 函式，我們可以將 Softmax 函式視為一種泛化的 Sigmoid 函式。首先對特徵矩陣 X 分類 k 計算一個得分 s_k，然後通過 Softmax 函式來轉換為每個類別的概率。

$$s_k(X) = X w^{(k)} \tag{6.56}$$

$$\hat{P}_k = \sigma(s(X))_k = \frac{e^{s_k(X)}}{\sum_{j=1}^{K} e^{s_j(X)}} \tag{6.57}$$

$$\hat{y} = \underset{k}{argmax}\,\hat{P}_k \tag{6.58}$$

$$J = -\frac{1}{m} \sum_{k=1}^{K} y_k log(\hat{P}_k) \tag{6.59}$$

其中 K 表示多元分類的類別數、$\sigma(s(X))_k$ 則是每個觀測值為 k 分類的機率，J 則是泛化形式的交叉熵，當 $K=2$ 的時候，由於 $P_1 = 1 - P_0$ 就是針對二元分類形式的交叉熵。

使用 Scikit-Learn 定義好的 LogisticRegression 類別只需要在初始化時加入參數 multi_class='multinomial' 就能夠以 Softmax 函式面對多元分類問

題。這時 predict_proba 方法輸出的數值陣列外觀為 (m, K)，其中 m 是特徵矩陣的觀測值個數，K 則是類別的個數，以相同的多元分類（C、C-F、F、F-C、F-G、G、G-F）問題來說，K 等於 7，第 0 欄是預測為類別 0（C）的機率 $\hat{p}_0$、第 1 欄是預測為類別 1（C-F）的機率 $\hat{p}_1$、第 6 欄是預測為類別 6（G-F）的機率 $\hat{p}_6$。

In [27]:

```
h = LogisticRegression(C = 1e5, multi_class = 'multinomial')
h.fit(X_train, y_train)
p_hat = h.predict_proba(X_valid)
p_hat[:10]
```

Out [27]:

```
array([[1.46834231e-03, 1.10515982e-01, 1.34322740e-01, 2.30095688e-01,
        4.75943125e-01, 3.57092827e-02, 1.19448412e-02],
       [9.71344012e-01, 1.12987543e-07, 1.20665619e-07, 1.77849834e-06,
        9.62067511e-05, 6.15985327e-04, 2.79417833e-02],
       [3.73022411e-01, 7.39121345e-03, 1.52304099e-02, 4.24652094e-02,
        2.53139760e-01, 6.77690959e-02, 2.40981900e-01],
       [1.64560622e-01, 2.07609657e-02, 5.25290319e-02, 1.05772840e-01,
        4.28180466e-01, 6.39325187e-02, 1.64263556e-01],
       [1.77783413e-01, 1.72639048e-02, 2.77647975e-02, 7.76848869e-02,
        4.03888738e-01, 9.67847960e-02, 1.98829464e-01],
       [5.05878698e-03, 8.19709980e-02, 1.14680545e-01, 2.09123648e-01,
        5.16685164e-01, 4.72562965e-02, 2.52245619e-02],
       [6.74798205e-01, 1.66114300e-03, 6.16676574e-03, 1.43567047e-02,
        9.06955187e-02, 2.20323031e-02, 1.90289360e-01],
       [9.19952935e-02, 2.49220140e-02, 2.62448611e-02, 8.77398931e-02,
        4.71541151e-01, 1.34074507e-01, 1.63482281e-01],
       [6.23519221e-01, 2.26463195e-03, 7.40805921e-03, 1.80366615e-02,
        1.13589028e-01, 2.85344995e-02, 2.06647899e-01],
       [2.55642516e-01, 1.31288239e-02, 2.84139768e-02, 6.95853231e-02,
        3.48894985e-01, 7.28649579e-02, 2.11469417e-01]])
```

應用 np.argmax 函式回傳最大的欄位數，就能夠得到 $\hat{y}$。

In [28]:
```
y_pred = np.argmax(p_hat, axis=1)
y_pred[:10]
```

Out [28]: `array([4, 0, 0, 4, 4, 4, 0, 4, 0, 4])`

最後使用 pos_dict_reversed 將整數對應回鋒衛位置的文字外觀。

In [29]:
```
y_pred_label = [pos_dict[i] for i in y_pred]
y_pred_label[:10]
```

Out [29]: `['F', 'G', 'G', 'F', 'F', 'F', 'G', 'F', 'G', 'F']`

6.7 兩種表示類別向量的形式

截至目前為止我們表示類別目標向量 y 的形式稱為標籤編碼（Label encoder），將類別變數的獨一值用 0 到 n_classes−1 的整數表示，可以使用 Scikit-Learn 中的 LabelEncoder 轉換。

In [30]:
```
le = LabelEncoder()
pos = player_stats['pos'].values
pos_le = le.fit_transform(pos)
print(pos[:10])
print(pos_le[:10])
```

Out [30]:
```
['G' 'C' 'C-F' 'C-F' 'F-C' 'G' 'G' 'C' 'F' 'F-G']
[5 0 1 1 3 5 5 0 2 4]
```

另外一種表示目標向量 y 的方法稱為獨熱編碼（One-hot encoder），將類別變數的獨一值用 (m, n_classes) 的稀疏矩陣表示，用 1 標註是該類，其餘欄位則用 0 標註不是該類，可以使用 Scikit-Learn 中的 OneHotEncoder 轉換。

In [31]:
```python
ohe = OneHotEncoder()
pos_ohe = ohe.fit_transform(pos.reshape(-1, 1)).toarray()
print(pos[:10])
print(pos_ohe[:10])
```

Out [31]:
```
['G' 'C' 'C-F' 'C-F' 'F-C' 'G' 'G' 'C' 'F' 'F-G']
[[0. 0. 0. 0. 0. 1. 0.]
 [1. 0. 0. 0. 0. 0. 0.]
 [0. 1. 0. 0. 0. 0. 0.]
 [0. 1. 0. 0. 0. 0. 0.]
 [0. 0. 0. 1. 0. 0. 0.]
 [0. 0. 0. 0. 0. 1. 0.]
 [0. 0. 0. 0. 0. 1. 0.]
 [1. 0. 0. 0. 0. 0. 0.]
 [0. 0. 1. 0. 0. 0. 0.]
 [0. 0. 0. 0. 1. 0. 0.]]
```

兩種表示形式中，標籤編碼適合應用於具有量值層級意義、有排列順序的類別變數（例如冷熱可以對應溫度、快慢可以對應速度）與二元分類的情境；獨熱編碼適合應用於一般無排列順序的類別變數以及多元分類的情境，特別是使用 Softmax 函式常會搭配獨熱編碼的矩陣型態。

6.8 延伸閱讀

1. Machine Learning Basics. In: Ian Goodfellow ,Yoshua Bengio, and Aaron Courville, Deep Learning (https://www.amazon.com/Deep-Learning-Adaptive-Computation-Machine/dp/0262035618/)

2. Training Models. In: Aurélien Géron, Hands-On Machine Learning with Scikit-Learn, Keras, and TensorFlow (https://www.amazon.com/Hands-Machine-Learning-Scikit-Learn-TensorFlow/dp/1492032646/)

3. Sigmoid function (https://en.wikipedia.org/wiki/Sigmoid_function)

4. Derivative of the Sigmoid function (https://towardsdatascience.com/derivative-of-the-sigmoid-function-536880cf918e)

5. Step function (https://en.wikipedia.org/wiki/Step_function)

6. Log Loss (http://wiki.fast.ai/index.php/Log_Loss)

7. Cross entropy (https://en.wikipedia.org/wiki/Cross_entropy)

8. Multiclass classification (https://en.wikipedia.org/wiki/Multiclass_classification)

9. Softmax function (https://en.wikipedia.org/wiki/Softmax_function)

表現的評估

我們先載入這個章節範例程式碼中會使用到的第三方套件、模組或者其中的部分類別、函式。

In [1]:

```
from pyvizml import CreateNBAData
from datetime import datetime
import requests
import numpy as np
import pandas as pd
import matplotlib.pyplot as plt
from sklearn.preprocessing import PolynomialFeatures
from sklearn.linear_model import LinearRegression
from sklearn.linear_model import Ridge
from sklearn.linear_model import LogisticRegression
from sklearn.model_selection import train_test_split
from sklearn.model_selection import KFold
from sklearn.metrics import mean_squared_error
from sklearn.metrics import mean_absolute_error
from sklearn.metrics import confusion_matrix
from sklearn.metrics import accuracy_score
from sklearn.metrics import precision_score
from sklearn.metrics import recall_score
from sklearn.metrics import f1_score
```

7.1 如何評估機器學習演算方法

評估機器學習演算方法是否能夠針對特定任務（包含數值預測、類別預測）運作，必須設計能夠量化演算方法表現的指標。評估迴歸模型與分類器表現的指標與尋找係數向量 w 藉此建立出 $h(X;w)$ 的原理相同，差別在於究竟要比對哪一組目標向量 y？

我們找尋係數向量的依據，乃是基於最小化 $y^{(train)}$ 與 $\hat{y}^{(train)}$ 之間的誤差，其中數值預測任務是以均方誤差（Mean squared error, MSE）來表示，m 代表觀測值筆數。

$$Minimize \ \frac{1}{m} \sum_i (y_i^{(train)} - \hat{y_i}^{(train)})^2 \tag{7.1}$$

類別預測任務則是以誤分類數（Error）來表示。

$$Minimize \ \sum_i \mid y_i^{(train)} \neq \hat{y_i}^{(train)} \mid \tag{7.2}$$

這是因為機器學習**假設**存在了一個函式 f 能夠完美描述特徵矩陣與目標向量的關係，但我們不能夠將**假設**存在的 f 拿來與建立出的 h 擺在桌面上比較，因此必須藉由比較 $y^{(train)}$ 與 $\hat{y}^{(train)}$ 來達成。評估迴歸模型與分類器的表現同樣是比較預測目標向量與實際目標向量之間的誤差，但是改為驗證資料或測試資料的目標向量。數值預測任務的表現評估以均方誤差衡量，m 代表觀測值筆數。

$$MSE_{valid} = \frac{1}{m} \sum_i (y_i^{(valid)} - \hat{y_i}^{(valid)})^2 \tag{7.3}$$

類別預測任務的表現評估以誤分類數衡量。

$$Error_{valid} = \sum_i \mid y_i^{(valid)} \neq \hat{y_i}^{(valid)} \mid \tag{7.4}$$

機器學習專案中的訓練、驗證來自具備已實現數值或標籤資料集，測試則來自未實現數值或標籤資料集；迴歸模型與分類器在從未見過的測試資料上之表現將決定它被部署到正式環境開始運作時的成敗，在現實世界中要評估機器學習演算方法在測試資料上的表現，在時間與金錢成本上都比在驗證資料上實施來得高出許多，像是設計類似實驗組與對照組的測試環境、等待一段時間才會實現數值或標籤。

挑選機器學習演算方法的評估指標除了與任務種類相關，也與模型的應用場景有關，例如即便同屬於疾病的檢測分類模型，針對傳染疾病或罕見疾病所選擇的指標就有可能不同，這是由於和「誤分類」所衍生出的成本連動所致。

7.2 評估數值預測任務的表現

數值預測任務的表現評估以均方誤差來衡量 $y^{(valid)}$ 與 $\hat{y}^{(valid)}$ 之間的差異，均方誤差愈大推論 h_w 跟 f 的相似度愈低，反之均方誤差愈小推論 h 與 f 的相似度愈高。使用 Scikit-Learn 定義好的 mean_squared_error 函式可以協助我們計算兩個目標向量之間的均方誤差。

In [2]:

```
# create_player_stats_df() 方法要對 data.nba.net 發出數百次的 HTTP 請求，
等待時間會較長，要請讀者耐心等候
cnd = CreateNBAData(season_year = 2019)
player_stats = cnd.create_player_stats_df()
```

```
Creating players df...
Creating players df...
Creating player stats df...
```

In [3]:
```
X = player_stats['heightMeters'].values.astype(float).reshape(-1, 1)
y = player_stats['weightKilograms'].values.astype(float)
X_train, X_valid, y_train, y_valid = train_test_split(X, y, test_size=0.33,
random_state=42)
h = LinearRegression()
h.fit(X_train, y_train)
y_pred = h.predict(X_valid)
mse_valid = mean_squared_error(y_valid, y_pred)
mse_valid
```

Out [3]:
```
52.74701649791643
```

亦可以自訂均方誤差的函式。

In [4]:
```
def meanSquaredError(y_true, y_pred):
    error = (y_true - y_pred)
    squared_error = error**2
    mean_squared_error = np.mean(squared_error)
    return mean_squared_error
```

In [5]:
```
mse_valid = meanSquaredError(y_valid, y_pred)
mse_valid
```

Out [5]:
```
52.74701649791643
```

另外一個也常被用來評估數值預測任務表現的指標是平均絕對誤差
（Mean absolute error），平均絕對誤差和均方誤差相同之處在於他們都能
精確捕捉預測失準的量值，無論是低估或者高估，經過平方或絕對值的
運算都會成為正數被詳實地累積起來；相異之處在於均方誤差對於預測

失準較多的離群值（Outliers）具有放大的效果（平方），而平均絕對誤差則不具有這樣類似加權的效果，因此當離群值在任務預測失準所衍生的成本也大幅上升的應用場景中，就比平均絕對誤差更適合使用，表示迴歸模型的選擇和調校上會傾向避免預測失準較多的情況。

使用 Scikit-Learn 定義好的 mean_absolute_error 函式可以協助我們計算兩個目標向量之間的平均絕對誤差。

In [6]:	`mae_valid = mean_absolute_error(y_valid, y_pred)` `mae_valid`
Out [6]:	5.251994295197642

亦可以自訂平均絕對誤差的函式。

In [7]:	```def meanAbsoluteError(y_true, y_pred):```
	`    error = (y_true - y_pred)`
	`    absolute_error = np.abs(error)`
	`    mean_absolute_error = np.mean(absolute_error)`
	`    return mean_absolute_error`

In [8]:	`mae_valid = meanAbsoluteError(y_valid, y_pred)` `mae_valid`
Out [8]:	5.251994295197642

7.3 評估類別預測任務的表現

類別預測任務的表現評估以誤分類數來衡量 $y^{(valid)}$ 與 $\hat{y}^{(valid)}$ 之間的差異，誤分類數愈多推論 h 跟 f 的相似度愈低，反之誤分類數愈少推論 h 與 f 的相似度愈高。分類器常使用的評估指標比迴歸模型為多，像是準確率（Accuracy）、精確率（Precision）、召回率（Recall）與 F1-score 等。這些評估指標乍看之下會讓我們眼花撩亂，但實際上只要能夠拆解正確分類 $y^{(valid)} = \hat{y}^{(valid)}$ 與錯誤分類 $y^{(valid)} \neq \hat{y}^{(valid)}$ 的組成，就可以理解評估分類器指標的設計哲學。

正確分類與錯誤分類各自都還能拆解成兩種情境：

- 正確分類
  - 真陰性（True negative, TN）：$y^{(valid)} = 0$ 並且 $\hat{y}^{(valid)} = 0$
  - 真陽性（True positive, TP）：$y^{(valid)} = 1$ 並且 $\hat{y}^{(valid)} = 1$
- 錯誤分類
  - 偽陰性（False negative, FN）：$y^{(valid)} = 1$ 並且 $\hat{y}^{(valid)} = 0$
  - 偽陽性（False positive, FP）：$y^{(valid)} = 0$ 並且 $\hat{y}^{(valid)} = 1$

這四種情境能夠以一個被稱作混淆矩陣（Confusion matrix）的 2×2 矩陣表達。

	$\hat{y}^{(valid)} = 0$	$\hat{y}^{(valid)} = 1$
$y^{(valid)} = 0$	真陰性（True negative, TN）	偽陽性（False positive, FP）
$y^{(valid)} = 1$	偽陰性（False negative, FN）	真陽性（True positive, TP）

前述眼花撩亂的評估指標，其實都能從組成混淆矩陣的四個象限衍生而得，使用 Scikit-Learn 定義好的 confusion_matrix 函式可以協助我們建立兩個目標向量之間正確分類、錯誤分類所組成的混淆矩陣。

In [9]:
```python
X = player_stats[['apg', 'rpg']].values.astype(float)
pos_dict = {
    0: 'G',
    1: 'F'
}
pos = player_stats['pos'].values
y = np.array([0 if p[0] == 'G' else 1 for p in pos])
X_train, X_valid, y_train, y_valid = train_test_split(X, y, test_size=0.33,
random_state=42)
h = LogisticRegression()
h.fit(X_train, y_train)
y_pred = h.predict(X_valid)
cm = confusion_matrix(y_valid, y_pred)
cm
```

Out [9]:
```
array([[60, 16],
       [20, 70]])
```

亦可以自訂建立混淆矩陣的函式。

In [10]:
```python
def confusionMatrix(y_true, y_pred):
    n_unique = np.unique(y_true).size
    cm = np.zeros((n_unique, n_unique), dtype=int)
    for i in range(n_unique):
        for j in range(n_unique):
            n_obs = np.sum(np.logical_and(y_true == i, y_pred == j))
            cm[i, j] = n_obs
    return cm
```

In [11]:
```
cm = confusionMatrix(y_valid, y_pred)
cm
```

Out [11]:
```
array([[60, 16],
       [20, 70]])
```

準確率（Accuracy）是類別預測任務最常用的評估指標，分子是正確分類的觀測值個數，即真陰性加真陽性；分母是四個象限的觀測值個數總和，即目標向量的長度，準確率愈高代表分類器的表現愈好、反之則代表分類器的表現愈差。

$$Accuracy = \frac{TN + TP}{TN + TP + FN + FP}$$

(7.5)

使用 Scikit-Learn 定義好的 accuracy_score 函式可以協助我們計算準確率。

In [12]:
```
accuracy = accuracy_score(y_valid, y_pred)
accuracy
```

Out [12]: 0.7831325301204819

準確率的概念直觀，但是在一些狀況中並不這麼適合評估分類器的表現，像是陽性事件發生率極低的應用場景，例如罕見疾病或市場黑天鵝事件的預測任務。如果設計出一個樸素的分類器（Dummy classifier），它以目標向量中出現頻率最高的類別作為預測依據，如果以 1000 個觀測值中僅有 1 個陽性的情況舉例，準確率可以達到 0.999，是一個乍看之下非常漂亮的評估指標。

In [13]:
```
y_true = np.zeros(1000, dtype = int)
y_true[-1] = 1
y_pred = np.zeros(1000, dtype = int)
accuracy = accuracy_score(y_true, y_pred)
accuracy
```

Out [13]: 0.999

然而這個分類器對預測陽性事件發生率極低的任務卻是完全無用處，亦即使用準確率來評估並不適合。這時使用精確率（Precision）與召回率（Recall）來進行評估會更加適合。精確率的分子是真陽性、分母是真陽性加偽陽性，它的意涵是分類器在所有預測為陽性的觀測值中，正確預測的觀測值數為多少；召回率的分子是真陽性、分母是真陽性加偽陰性，它的意涵是分類器在所有陽性的觀測值中，正確預測的觀測值數為多少。

$$Precision = \frac{TP}{TP + FP} \tag{7.6}$$

$$Recall = \frac{TP}{TP + FN} \tag{7.7}$$

相較準確率，精確率與召回率更專注評估分類器對陽性事件的預測能力，兩個指標愈高，代表模型的表現愈好。精確率如果表現要好除了真陽性高，偽陽性亦要想辦法降低，而召回率同樣若表現要好除了真陽性高，偽陰性亦要想辦法降低，因此在選擇採用精確率與召回率時，常會延伸探討偽陽性或偽陰性所衍生的誤判成本。採用精確率代表的要盡可能降低偽陽性，這表示的是偽陽性的成本高，意味著是誤判為陽性事件的成本高（例如誤診而進行高風險的手術）；採用召回率代表的是要儘可能降低偽陰性，這表示的是偽陰性的成本高，意味著是誤判為陰性事件的成本高（例如誤診而導致超級傳播者沒有隔離而進入社區）。

使用 Scikit-Learn 定義好的 precision_score 與 recall_score 函式可以協助我們計算精確率與召回率，這時可以看到樸素分類器在精確率和召回率都得到了最低的評估值。

In [14]:
```
precision = precision_score(y_true, y_pred, zero_division=0)
recall = recall_score(y_true, y_pred)
print(precision)
print(recall)
```
```
0.0
0.0
```

評估分類模型的表現時可以同時將精確率與召回率納入考量，運用一個係數 β 加權兩個指標合成為一個稱為 F-score 的指標。

$$F_\beta = (1 + \beta^2) \cdot \frac{precision \cdot recall}{(\beta^2 \cdot precision) + recall} \tag{7.8}$$

β 係數的值可以表示對精確率或召回率的相對重視程度，如果偽陽性的成本遠高於偽陰性的成本，代表百分百重視精確率，這時代入 $\beta=0$，F-score 就會是精確率；如果偽陰性的成本遠高於偽陽性的成本，代表百分百重視召回率，這時代入 $\beta=\infty$，F-score 就會是召回率；如果偽陽性的成本和偽陰性的成本相當，代表兩個指標同等重要，這時代入 $\beta=1$，F-score 就被稱為 F1-score，指標愈高，代表模型的表現愈好。

$$F_1 = 2 \cdot \frac{precision \cdot recall}{precision + recall} \tag{7.9}$$

使用 Scikit-Learn 定義好的 f1_score 函式可以協助我們計算 F1-score，同樣可以看到樸素分類器依然在 F1-score 獲得了最低的評估值。

In [15]:
```
f1 = f1_score(y_true, y_pred)
f1
```

Out [15]: 0.0

7.4　自訂計算評估指標的類別 ClfMetrics

我們亦可以根據混淆矩陣自訂分類器評估指標的類別。

In [16]:
```
class ClfMetrics:
    """
    This class calculates some of the metrics of classifier including accuracy,
    precision, recall, f1 according to confusion matrix.
    Args:
        y_true (ndarray): 1d-array for true target vector.
        y_pred (ndarray): 1d-array for predicted target vector.
    """
    def __init__(self, y_true, y_pred):
        self._y_true = y_true
        self._y_pred = y_pred
    def confusion_matrix(self):
        """
        This function returns the confusion matrix given true/predicted target
vectors.
        """
```

```
    n_unique = np.unique(self._y_true).size
    cm = np.zeros((n_unique, n_unique), dtype=int)
    for i in range(n_unique):
        for j in range(n_unique):
            n_obs = np.sum(np.logical_and(self._y_true == i, self._y_pred
== j))
            cm[i, j] = n_obs
    self._tn = cm[0, 0]
    self._tp = cm[1, 1]
    self._fn = cm[0, 1]
    self._fp = cm[1, 0]
    return cm
def accuracy_score(self):
    """
    This function returns the accuracy score given true/predicted target
vectors.
    """
    cm = self.confusion_matrix()
    accuracy = (self._tn + self._tp) / np.sum(cm)
    return accuracy
def precision_score(self):
    """
    This function returns the precision score given true/predicted target
vectors.
    """
    precision = self._tp / (self._tp + self._fp)
    return precision
def recall_score(self):
    """
    This function returns the recall score given true/predicted target vectors.
    """
```

```
    recall = self._tp / (self._tp + self._fn)
    return recall
def f1_score(self, beta=1):
    """
    This function returns the f1 score given true/predicted target vectors.
    Args:
        beta (int, float): Can be used to generalize from f1 score to f score.
    """
    precision = self.precision_score()
    recall = self.recall_score()
    f1 = (1 + beta**2)*precision*recall / ((beta**2 * precision) + recall)
    return f1
```

In [17]:
```
pos = player_stats['pos'].values
y = np.array([0 if p[0] == 'G' else 1 for p in pos])
X_train, X_valid, y_train, y_valid = train_test_split(X, y, test_size=0.33,
random_state=42)
h = LogisticRegression()
h.fit(X_train, y_train)
y_pred = h.predict(X_valid)
```

In [18]:
```
# 混淆矩陣
clf_metrics = ClfMetrics(y_valid, y_pred)
clf_metrics.confusion_matrix()
```

Out [18]:
```
array([[60, 16],
       [20, 70]])
```

In [19]:
```
# 準確率
clf_metrics.accuracy_score()
```

Out [19]: 0.7831325301204819

In [20]:
```
# 精確率
clf_metrics.precision_score()
```

Out [20]: 0.7777777777777778

In [21]:
```
# 召回率
clf_metrics.recall_score()
```

Out [21]: 0.813953488372093

In [22]:
```
# F1-score
clf_metrics.f1_score()
```

Out [22]: 0.7954545454545455

7.5 誤差的來源

在機器學習的訓練階段，我們透過比較訓練資料中的預測目標向量與實際目標向量之間的誤差，來作為尋找係數向量的依據；在機器學習的驗證階段，我們透過比較驗證資料中的預測目標向量與實際目標向量之間的誤差，來評估模型的表現；而最後在機器學習的測試階段，我們終究要面對在前兩個階段未碰觸、尚未實現、不具備目標值或標籤的測試資料，不論是透過實驗設計或者等待一段時間讓未知資料的數值或標籤實現，最終使得機器學習演算方法表現一翻兩瞪眼的是比較測試資料中預測目標向量與實際目標向量之間的誤差階段。

數值預測任務的表現評估以均方誤差衡量，m 代表觀測值筆數。

$$MSE_{test} = \frac{1}{m} \sum_i (y_i^{(test)} - \hat{y_i}^{(test)})^2 \qquad (7.10)$$

類別預測任務的表現評估以誤分類數衡量。

$$Error_{test} = \sum_i | y_i^{(test)} \neq \hat{y_i}^{(test)} | \qquad (7.11)$$

一個訓練後的迴歸模型或分類器，其誤差來源可以大抵分為訓練誤差（Training error）與測試誤差（Test error），在已實現、具備目標值或標籤的訓練、驗證資料上表現良好，表示它的訓練誤差小；在尚未實現、不具備目標值或標籤的測試資料上表現良好，表示它的測試誤差小（又稱為泛化能力強），於是乎機器學習演算方法的目標是將訓練誤差以及測試誤差降低。不過在現實世界中，處於訓練與驗證階段時對於測試資料是一無所知的，又該如何在只能接觸到訓練與驗證資料時去降低測試誤差？仰賴訓練、驗證與測試資料的 i.i.d 假設，資料中每一筆觀測值彼此獨立（Independent）、訓練、驗證與測試資料來自同樣分布（Identically distributed）的母體。如果假設不成立，用訓練資料產生 h_w 來逼近 f 的做法就顯得毫無意義了。因此我們可以將機器學習演算方法的目標修正簡化為：

1. 減少訓練誤差
2. 減少訓練誤差與測試誤差的間距

為了減少訓練誤差，我們可以透過交叉驗證（Cross validation）的技巧消弭訓練與驗證資料切割所造成的誤差、增加梯度遞減的訓練次數或者增加特徵矩陣的欄位；而為了減少訓練誤差與測試誤差的間距，我們可以引用正規化（Regularization）的技巧。

7.6 減少訓練誤差

在前述章節中，我們在切割訓練與驗證資料時都有納入 random_state=42 這是為了固定某個特定的隨機狀態，如果沒有指定這個參數，每一次資料劃分為訓練和驗證的情況都會不同，這會影響係數向量 w 求解、h_w 的建立進而影響 $\hat{y}$。如果希望避免某個隨機狀態劃分出了不夠均勻的訓練和驗證資料，可以使用交叉驗證的技巧，將資料拆分為 k 個不重複的子集合，進而可以在這些子集合上重複進行訓練和驗證，在第 i 次迭代中將第 i 個子集合當作驗證資料，其餘當作訓練資料，最後取平均值來評估誤差。

使用 Scikit-Learn 定義好的 KFold 類別可以協助我們獲得交叉驗證時訓練與驗證資料的位置。

In [23]:

```python
shuffled_index = player_stats.index.values.copy()
np.random.seed(42)
np.random.shuffle(shuffled_index)
X = player_stats['heightMeters'].values.astype(float)[shuffled_index].
reshape(-1, 1)
y = player_stats['weightKilograms'].values.astype(float)[shuffled_index]
kf = KFold(n_splits = 5)
h = LinearRegression()
mse_scores = []
for train_index, valid_index in kf.split(X):
    X_train, X_valid = X[train_index], X[valid_index]
    y_train, y_valid = y[train_index], y[valid_index]
    h.fit(X_train, y_train)
    y_pred = h.predict(X_valid)
    mse = mean_squared_error(y_valid, y_pred)
    mse_scores.append(mse)
mean_mse_scores = np.mean(mse_scores)
print(mse_scores)
print(mean_mse_scores)
```

```
[55.07839694995417, 51.7810202008688, 50.50037007540896,
38.95499731929424, 55.212983938023825]
50.30555369671
```

In [24]:
```python
fig= plt.figure()
ax = plt.axes()
ax.plot(mse_scores, marker='.', markersize=10)
ax.axhline(mean_mse_scores, color='red', linestyle="--")
ax.set_title('Use average MSE in KFold cross validation')
ax.set_xticks(range(5))
plt.show()
```

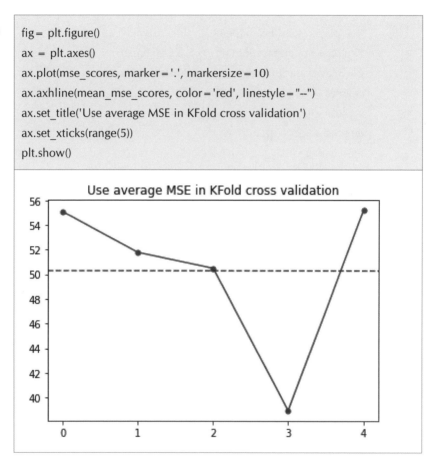

在梯度遞減開始前隨機初始化的 w 的訓練誤差是高的,隨著訓練次數增加而漸漸減少,這在數值預測與類別預測任務中我們已經看過不少範例;而增加特徵矩陣的欄位可以使用 Scikit-Learn 定義好的 PolynomialFeatures 類別建立高次項觀察訓練誤差在不同 degree 下的訓練誤差,以迴歸模型為例,當訓練誤差很高的時候模型處於「配適不足」(Underfitting)的狀態,像是 degree=0 的時候。

In [25]:
```python
X = player_stats['heightMeters'].values.astype(float).reshape(-1, 1)
X_plot = np.linspace(X.min() - 0.1, X.max().max() + 0.1).reshape(-1, 1)
y = player_stats['weightKilograms'].values.astype(float)
degrees = range(9)
y_plots = []
training_errors = []
for d in degrees:
    poly = PolynomialFeatures(d)
    X_poly = poly.fit_transform(X)
    X_train, X_valid, y_train, y_valid = train_test_split(X_poly, y, test_
size=0.33, random_state=42)
    h = LinearRegression()
    h.fit(X_train, y_train)
    y_pred = h.predict(X_train)
    training_error = mean_squared_error(y_train, y_pred)
    training_errors.append(training_error)
    X_plot_poly = poly.fit_transform(X_plot)
    y_pred = h.predict(X_plot_poly)
    y_plots.append(y_pred)
```

In [26]:
```python
x = X.ravel()
fig, axes = plt.subplots(3, 3, figsize=(12, 6), sharey=True)
for k, d, te, y_p in zip(range(9), degrees, training_errors, y_plots):
    i = k // 3
    j = k % 3
    x_p = X_plot.ravel()
    axes[i, j].scatter(x, y, s=5, alpha=0.5)
    axes[i, j].plot(x_p, y_p, color="red")
```

```
    axes[i, j].set_ylim(60, 150)
    axes[i, j].set_title("Degree: {}\nTraining Error: {:.4f}".format(d, te))
plt.tight_layout()
plt.show()
```

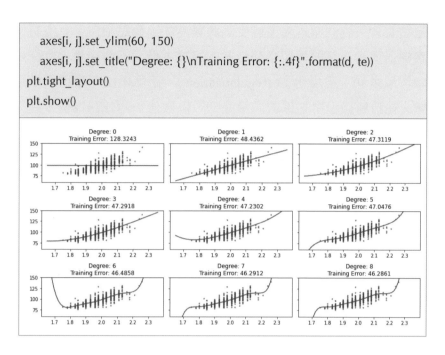

除了為特徵矩陣加入更多的變數，減少訓練誤差的方式還有超參數
（Hyperparameter）調校、變換其他機器學習演算方法或者製造衍生變數
（特徵工程）。

7.7　減少訓練誤差與測試誤差的間距

在試圖減少訓練誤差的過程，很有可能伴隨而來的是驗證或測試誤差的
升高，這是因為模型對於訓練資料過於熟悉，而降低了它的泛化能力。
例如跑者若是固定在平坦的操場訓練，在參與路跑時候很可能因為地形
起伏而導致比賽表現不如訓練，這樣的狀態我們稱之為「過度配適」
（Overfitting）。欲避免過度配適最直觀的解法就是減少特徵矩陣的變數，

但這又會與我們原本希望減少訓練誤差的出發點相左，有沒有什麼辦法讓機器學習演算法保留多個變數的特徵，但又不會產生過度配飾呢？這時可以求助「正規化」（Regularization）。正規化技巧是透過使用一個參數 λ 在訓練過程中對係數向量壓抑，以數值預測任務為例，在原本的誤差函式 $J(w)$ 加上 $\lambda w^T w$ 抑制係數向量，又被稱為 L2 正規化。

$$J(w) = \frac{1}{m}(\| Xw - y \|^2 + \lambda w^T w) \tag{7.12}$$

接著求解梯度：$J(w)$ 關於 w 的偏微分。

$$\frac{\partial J}{\partial w} = \frac{1}{m}(\frac{\partial}{\partial w}(\| Xw - y \|^2) + \frac{\partial}{\partial w}\lambda w^T w) \tag{7.13}$$

$$= \frac{1}{m}(\frac{\partial}{\partial w}(Xw - y)^T(Xw - y) + \frac{\partial}{\partial w}\lambda w^T w) \tag{7.14}$$

$$= \frac{1}{m}(\frac{\partial}{\partial w}(w^T X^T Xw - w^T X^T y - y^T Xw + y^T y) + \frac{\partial}{\partial w}\lambda w^T w) \tag{7.15}$$

$$= \frac{1}{m}(\frac{\partial}{\partial w}(w^T X^T Xw - (Xw)^T y - (Xw)^T y + y^T y) + \frac{\partial}{\partial w}\lambda w^T w) \tag{7.16}$$

$$= \frac{1}{m}(\frac{\partial}{\partial w}(w^T X^T Xw - 2(Xw)^T y + y^T y) + \frac{\partial}{\partial w}\lambda w^T w) \tag{7.17}$$

$$= \frac{1}{m}(2X^T Xw - 2X^T y + 2\lambda w) \tag{7.18}$$

$$= \frac{2}{m}(X^T Xw - X^T y + \lambda w) \tag{7.19}$$

$$= \frac{2}{m}(X^T(Xw - y) + \lambda w)) \tag{7.20}$$

$$= \frac{2}{m}(X^T(\hat{y} - y) + \lambda w)) \tag{7.21}$$

就可以寫出具備 L2 正規化效果梯度遞減的式子。

$$w := w - \alpha \frac{2}{m}(X^T(\hat{y} - y) + \lambda w)) \tag{7.22}$$

$$w := (w - \alpha \frac{2}{m}\lambda w) - \alpha \frac{2}{m}X^T(\hat{y} - y) \tag{7.23}$$

$$w := w(1 - \alpha \frac{2}{m}\lambda) - \alpha \frac{2}{m}X^T(\hat{y} - y) \tag{7.24}$$

λ 是由使用者決定的參數,當 $\lambda=0$ 時代表不抑制係數向量,沒有正規化效果;較大的 λ 會壓抑最適化係數向量的選擇,正規化效果大,藉此在配適不足與過度配適之間進行平衡,當正規化效果過大時,模型又會變得與配適不足的狀態相近。使用 Scikit-Learn 定義好的 Ridge 類別可以協助我們建構具備 L2 正規化效果的迴歸模型,正規化效果由 alpha 參數決定,愈大表示正規化效果愈強。

In [27]:
```python
X = player_stats['heightMeters'].values.astype(float).reshape(-1, 1)
y = player_stats['weightKilograms'].values.astype(float)
poly = PolynomialFeatures(9)
X_plot = np.linspace(X.min() - 0.1, X.max().max() + 0.1).reshape(-1, 1)
X_poly = poly.fit_transform(X)
X_plot_poly = poly.fit_transform(X_plot)
X_train, X_valid, y_train, y_valid = train_test_split(X_poly, y, test_size=0.33,
random_state=42)
alphas = [0, 1, 10, 1e3, 1e5, 1e6, 1e7, 1e8, 1e9]
y_plots = []
for alpha in alphas:
    h = Ridge(alpha=alpha)
    h.fit(X_train, y_train)
    y_pred = h.predict(X_train)
    y_pred = h.predict(X_plot_poly)
    y_plots.append(y_pred)
```

In [28]:
```python
x = X.ravel()
fig, axes = plt.subplots(3, 3, figsize=(12, 6), sharey=True)
for k, alpha, y_p in zip(range(9), alphas, y_plots):
    i = k // 3
    j = k % 3
    x_p = X_plot.ravel()
    axes[i, j].scatter(x, y, s=5, alpha=0.5)
    axes[i, j].plot(x_p, y_p, color="red")
    axes[i, j].set_ylim(60, 150)
    axes[i, j].set_title("L2 Regularization: {:.0f}".format(alpha))
plt.tight_layout()
plt.show()
```

同樣在類別預測任務於原本的誤差函式 $J(w)$ 也能夠加上 $\lambda w^T w$ 抑制係數向量。

$$J(w) = \frac{1}{m}(-ylog(\sigma(Xw)) - (1-y)log(1 - \sigma(Xw)) + \lambda w^T w) \quad (7.25)$$

接著求解梯度：$J(w)$ 關於 w 的偏微分。

$$\frac{\partial J}{\partial w} = \frac{1}{m}(-y(1-\sigma(Xw))X - (1-y)(-\sigma(Xw)X) + 2\lambda w) \tag{7.26}$$

$$= \frac{1}{m}(-X^T y + y\sigma(Xw)X + X^T\sigma(Xw) - y\sigma(Xw)X + 2\lambda w) \tag{7.27}$$

$$= \frac{1}{m}(-X^T y + X^T\sigma(Xw) + 2\lambda w) \tag{7.28}$$

$$= \frac{1}{m}(X^T(\sigma(Xw) - y) + 2\lambda w) \tag{7.29}$$

$$= \frac{1}{m}(X^T(\sigma(Xw) - y) + \frac{1}{C}w), \text{ where } C = \frac{1}{2\lambda} \tag{7.30}$$

就可以寫出具備 L2 正規化效果梯度遞減的式子。

$$w := w - \alpha\frac{1}{m}(X^T(\sigma(Xw) - y) + \frac{1}{C}w), \text{ where } C = \frac{1}{2\lambda} \tag{7.31}$$

$$w := w - \alpha\frac{1}{mC}w - \alpha\frac{1}{m}(X^T(\sigma(Xw) - y)) \tag{7.32}$$

$$w := w(1 - \alpha\frac{1}{mC}) - \alpha\frac{1}{m}(X^T(\sigma(Xw) - y)) \tag{7.33}$$

Scikit-Learn 的 LogisticRegression 類別中的參數 C 與 L2 正規化 λ 參數是倒數關係 $C = \frac{1}{2\lambda}$，當 C 愈大表示正規化效果愈低，反之 C 愈小表示正規化效果愈高，這也是為什麼在類別預測的任務章節中，為了和自訂類別 LogitReg 比較需要設定一個很大的 C 來讓正規化效果降到很低。

7.8 延伸閱讀

1. Machine Learning Basics. In: Ian Goodfellow ,Yoshua Bengio, and Aaron Courville, Deep Learning (https://www.amazon.com/Deep-Learning-Adaptive-Computation-Machine/dp/0262035618/)

2. Training Models. In: Aurélien Géron, Hands-On Machine Learning with Scikit-Learn, Keras, and TensorFlow (https://www.amazon.com/Hands-Machine-Learning-Scikit-Learn-TensorFlow/dp/1492032646/)

3. Best Practices for Model Evaluation and Hyperparameter Tuning. In: Sebastian Raschka, Vahid Mirjalili, Python Machine Learning (https://www.amazon.com/Python-Machine-Learning-scikit-learn-TensorFlow/dp/1789955750/)

4. Confustion matrix (https://en.wikipedia.org/wiki/Confusion_matrix)

5. Regularization (https://en.wikipedia.org/wiki/Regularization_(mathematics))

8

深度學習入門

我們先載入這個章節範例程式碼中會使用到的第三方套件、模組或者其中的部分類別、函式。

In [1]:

```
from pyvizml import CreateNBAData
from pyvizml import ImshowSubplots
import numpy as np
import requests
import pandas as pd
import matplotlib.pyplot as plt
from tensorflow.keras import models
from tensorflow.keras import layers
from tensorflow.keras import Input
from tensorflow.keras import datasets
from tensorflow.keras import utils
from sklearn.model_selection import train_test_split
```

8.1 什麼是深度學習

深度學習是機器學習領域中的一個分支，以集合概念來說明的話，深度學習包含於機器學習之中，是機器學習集合的子集合。深度學習使用連續且多層的數值轉換，從訓練資料中同時進行特徵工程（Feature engineering）以及係數 w 的最適化，與機器學習最大的差異點在於係數的個數是使用者**直接**或者**間接**所決定。面對數值或類別的預測任務，若是採用機器學習技巧，係數**直接**由特徵矩陣 X 的欄位個數決定；然而若採用深度學習的手法，係數會改由深度（Depth）、或者稱為層數（Number of layers）決定，換言之，使用者乃是透過結構層數**間接**地決定。簡言之，我們可以將深度學習視為一種不需要使用者直接進行「特徵工程」（Feature engineering）的最適化方法，使用者透過定義層數來間接決定特徵工程的規模，當深度學習的層數愈多、單位愈多，意味著特徵工程的規模愈大。

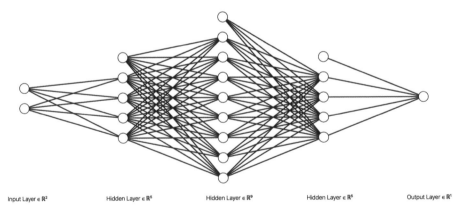

▲ 圖片來源：https://alexlenail.me/NN-SVG/

當深度學習的層數愈少、單位愈少，意味著特徵工程的規模愈小。

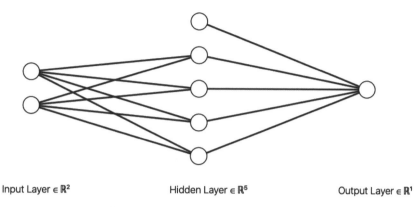

Input Layer ∈ ℝ²　　　　　　Hidden Layer ∈ ℝ⁵　　　　　　Output Layer ∈ ℝ¹

▲ 圖片來源：https://alexlenail.me/NN-SVG/

使用者除了以層數定義結構決定特徵工程的規模，也需要決定每個層數的單位數量，獨一單位是由「感知器」（Perceptron），有的時候也被稱呼為「神經元」（Neuron）演變而來，感知器概念由 Frank Rosenblatt 於 1957年提出，是深度學習模型的雛型，它是一種具有門檻值（Threshlod）的線性單位，由特徵 x、係數 w、誤差 b 與階躍函式 χ 組合而成。

$$\hat{y} = \chi(x^T w + b) \tag{8.1}$$

其中階躍函數 χ 為：

$$\chi(z) = 0, \quad if\ z < 0 \tag{8.2}$$

$$\chi(z) = 1, \quad if\ z \geq 0 \tag{8.3}$$

感知器與羅吉斯迴歸有異曲同工之妙，差別在於羅吉斯迴歸多了 Sigmoid 函式的轉換才輸入階躍函式，感知器則沒有這一道手續。事實上，感知器概念之所以未能發揚光大，就是缺乏能將線性輸入 $w^T w$ 轉換為非線性的啟動函式（Activation function），因此不論增加多少感知器，依舊只能解決線性的數值、類別預測任務。

現代的基礎深度學習模型可以透過充滿單位的層數堆疊而成，每層的多個單位會因為目的性而有不同的相連狀態，基本的是把結構中某一層的所有單位都與前一層以及後一層的所有單位相連，稱為完全連接層（Fully-connected layers）或密集層（Dense layers）。深度學習模型的目標與先前在數值預測、類別預測任務中所介紹的迴歸模型和羅吉思迴歸分類器一致：利用 h 來逼近某個函式 f，但由於深度學習模型具備了層數的結構，需要近似的函式 h 也成為了有鏈結的關係。

$$\hat{y} = h(X; W, B) \tag{8.4}$$
$$= h^{(n)}(...h^{(2)}(h^{(1)}(X; W^{(1)}, B^{(1)}))) \tag{8.5}$$

其中 $h^{(1)}$ 稱為「輸入層」（Input layer），$h^{(n)}$ 稱為「輸出層」（Output layer），介於這兩層之間的 $h^{(i)}$ 則稱為「隱藏層」（Hidden layer），深度學習模型與傳統機器學習模型最大的差別，就在於是否有隱藏層的存在，意即一個最基本、最淺的深度學習模型至少具有三層。

隱藏層的存在也造就了當我們在尋找深度學習模型最適的 W 與 B 時，跟先前於數值預測、類別預測任務中所使用的「梯度遞減」演算方法有些大同小異的地方，同樣都會隨機初始化一組係數向量，不過深度學習的係數多寡不再是由特徵矩陣的欄位數決定，而是由深度學習的結構層數來決定。在起始隨機配置的 W 與 B 下，深度學習的預測目標向量 $\hat{y}$ 會與實際目標向量 y 相差甚遠，兩者之間的誤差也會很大，這時就會透過「反向傳播」（Backpropagation）的演算方法來進行梯度遞減、微調每層的係數向量，而之所以必須透過特殊的「反向傳播」演算方法，就是因為深度學習模型中至少有一個「隱藏層」的存在，導致了 $\hat{y}$ 與 y 之間的誤差僅能回饋到前一個隱藏層與輸出層之間的 W 與 B 作為更新依據，更前段層數之間 W 與 B 的更新依據，則改由後段層數回饋。簡言之，我們可以將反向傳播類比為專門設計給深度學習模型的梯度遞減演算方法。

8.2 為何深度學習

以機器學習的技巧進行數值或類別預測任務常遭遇到的瓶頸在於規則的撰寫或者特徵的定義，使用者被要求需要先釐清特徵矩陣和目標向量之間的可能關聯，例如我們預期了身高是體重的正相關因素、爭搶籃板球是前鋒在場上的核心任務或者傳球助攻是後衛在場上的核心任務。但是當由資料中提取出特徵這件事情成為了與預測一樣困難的時候，套用機器學習的技巧就突然顯得雞肋。深度學習透過多層感知器（Multi-layer perceptron, MLP）的機制允許電腦程式將相對單純的輸入構建成複雜的函數映射系統，藉此讓使用者能在不釐清特徵矩陣與目標向量之間關聯的情況下，依然可以進行數值或類別的預測任務。

前述我們提到深度學習與機器學習最大的差異在於**直接**或者**間接**實施特徵工程，深度學習在特定領域諸如影像分類、語音識別或機器翻譯等廣受歡迎而迅速發展的主要緣由其實就應對了與機器學習的最大差異，對於難以進行特徵工程的領域，深度學習只要求使用者定義深度（或層數）而將特徵工程交給了演算方法來處理。

綜觀深度學習目前蓬勃發展的領域，我們可以發現到深度學習挑戰的領域反而是人類相對於電腦程式容易執行的任務，對人們來說影像分類、語音識別或語言翻譯是很直觀的事情，但對於電腦程式來説，解決這些問題的邏輯、規則都無法用程式語言描述，那些要求規則撰寫、自行定義特徵的傳統處理技巧就顯得了窒礙難行，因此轉而求助自動運行特徵工程的深度學習。

8.3 什麼是 Keras

Keras 是 Python 的深度學習框架，提供科學計算研究人員與機器學習工程師利用簡潔且一致的應用程式介面（Application Programming Interface, API），由於其易用、靈活和良善的設計，迅速受到使用者的喜愛，Keras 在執行深度學習時對張量進行運算和微分依賴於三個後端引擎：TensorFlow、Theano 與 Microsoft Cognitive Toolkit(CNTK)。Keras 並沒有限定使用任何一個後端引擎，不過由於目前已經被整合至 TensorFlow 2.0 並且作為關鍵核心的一個高階功能，稱為 tf.keras，也預設使用 TensorFlow 作為後端引擎，並能無縫接軌 TensorFlow 2.0 其他的核心功能模組，包含資料管理、超參數訓練或部署等。Keras 由 François Chollet 開發，於 2015 年 3 月以開源專案的形式發行。

8.4 為何 Keras

選擇 Keras 作為深度學習框架最直觀原因就是它的受歡迎程度，從 Stack Overflow Trends 的時間序列圖可見一斑。

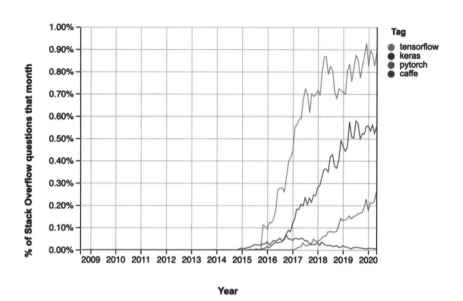

▲ 圖片來源：https://insights.stackoverflow.com/trends

Keras 的哲學是以簡單性、低使用門檻與使用者友善為出發點設計，但是它提供的功能可以滿足入門使用者到專業研究人員與工程師，這使得它的使用者遍佈學術界、新創公司、大型企業與研究單位，像是 Google、Netflix、Uber、Yelp、Square、歐洲核子研究組織（CERN）、美國國家航空太空總署（NASA）、美國國立衛生研究院（NIH）還有世界上許多知名科學組織。

讓這些學術界、新創公司、大型企業與研究單位能夠放心使用 Keras 的原因還有：

- Keras 採用 MIT 授權條款與其他常見的軟體授權條款相比，這是相對寬鬆的且能被自由使用在商業專案之中

- 確保同樣的 Keras 程式碼在 CPU 與 GPU 的硬體環境上都能執行，在 CPU 上會運作 BLAS、Eigen 套件，在 GPU 上則會運作 CUDA、cuDNN 套件，來進行自動微分和張量運算
- 具備友善的應用程式介面設計，讓使用者可以快速建構深度學習模型
- 內建應用於電腦視覺或應用於時間序列資料的深度學習模型

8.5 撰寫 Keras 的步驟

使用 Keras 建立深度學習模型的基本步驟可以區分為四個：

1. 定義訓練資料
2. 定義深度學習模型的結構：包含深度（Depth）或者說層數（Number of layers），也包含每個層的感知器個數
3. 定義評估指標：選擇用來衡量 y 與 $\hat{y}$ 之間誤差的函式、更新 W 的演算方法以及評估 h 的指標
4. 最適化係數向量：呼叫深度學習模型的 fit 方法迭代訓練資料

使用 Keras 利用 player_stats 資料中的 apg 與 rpg 來預測 pos。

In [2]:

```
# 定義訓練資料
# create_player_stats_df() 方法要對 data.nba.net 發出數百次的 HTTP 請求，
等待時間會較長，要請讀者耐心等候
cnd = CreateNBAData(2019)
player_stats = cnd.create_player_stats_df()
```

```
Creating players df...
Creating players df...
Creating player stats df...
```

In [3]:

```
pos_dict = {
    0: 'G',
    1: 'F'
}
pos = player_stats['pos'].values
pos_binary = np.array([0 if p[0] == 'G' else 1 for p in pos])
X = player_stats[['apg', 'rpg']].values.astype(float)
y = pos_binary
X_train, X_valid, y_train, y_valid = train_test_split(X, y, test_size=0.33,
random_state=42)
```

建立一個最淺、具有三層結構的深度學習模型，輸入層有兩個單位負責接收球員的場均助攻、場均籃板，隱藏層有四個單位，輸出層有一個單位輸出球員預測為前鋒的機率。這個結構的指派，間接地定義了在「輸入至隱藏」的階段將會有特徵 $W^{(1)}=[w_0,w_1,w_2,w_3,w_4,w_5,w_6,w_7]$ 以及 $B^{(1)}=[b_0,b_1,b_2,b_3]$、在「隱藏至輸出」的階段將會有特徵 $W^{(2)}=[w_8,w_9,w_{10},w_{11}]$ 以及 $B^{(2)}=[b_4]$，這個深度學習模型總共有 17 個係數會在迭代訓練過程中最適化。

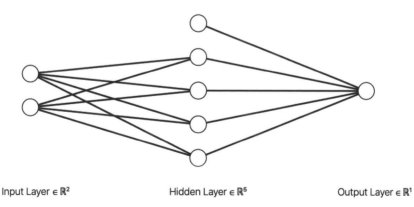

Input Layer ∈ ℝ²　　　　Hidden Layer ∈ ℝ⁵　　　　Output Layer ∈ ℝ¹

▲ 圖片來源：https://alexlenail.me/NN-SVG/

In [4]:

```
# 定義深度學習模型的結構
model = models.Sequential([
    Input(X_train.shape[1]),
    layers.Dense(4, activation='sigmoid'),
    layers.Dense(1, activation='sigmoid')
])
```

In [5]:

```
model.summary()
```

Model: "sequential"

Layer (type)	Output Shape	Param #
dense (Dense)	(None, 4)	12
dense_1 (Dense)	(None, 1)	5

Total params: 17
Trainable params: 17
Non-trainable params: 0

In [6]:

```
# 定義評估指標
model.compile(optimizer='SGD', loss='categorical_crossentropy',
metrics=['accuracy'])
```

In [7]:

```
# 最適化係數向量
n_iters = 5
model.fit(X_train, y_train,
        validation_data=(X_valid, y_valid),
        epochs=n_iters)
```

```
Epoch 1/5
11/11 [==========================] - 0s 30ms/step - loss: 6.1196e-08 -
accuracy: 0.4866 - val_loss: 6.4632e-08 - val_accuracy: 0.4578
Epoch 2/5
11/11 [==========================] - 0s 5ms/step - loss: 6.1196e-08 -
accuracy: 0.4866 - val_loss: 6.4632e-08 - val_accuracy: 0.4578
Epoch 3/5
11/11 [==========================] - 0s 6ms/step - loss: 6.1196e-08 -
accuracy: 0.4866 - val_loss: 6.4632e-08 - val_accuracy: 0.4578
Epoch 4/5
11/11 [==========================] - 0s 5ms/step - loss: 6.1196e-08 -
accuracy: 0.4866 - val_loss: 6.4632e-08 - val_accuracy: 0.4578
Epoch 5/5
11/11 [==========================] - 0s 5ms/step - loss: 6.1196e-08 -
accuracy: 0.4866 - val_loss: 6.4632e-08 - val_accuracy: 0.4578
```

Out [7]:

```
<tensorflow.python.keras.callbacks.History at 0x7fd7145d1a58>
```

In [8]:
```
model.get_weights()
```

Out [8]:
```
[array([[ 0.07236648,  0.33068013, -0.11336875,  0.12589383],
       [ 0.04715586,  0.9050956 ,  0.14129925, -0.3976891 ]],
      dtype=float32),
 array([0., 0., 0., 0.], dtype=float32),
 array([[ 0.09493172],
       [-1.0410525 ],
       [-0.6736306 ],
       [ 1.0668004 ]], dtype=float32),
 array([0.], dtype=float32)]
```

一如往常讓我們最關注的是最適化各層 W 與 B 的關鍵方法 fit，究竟這個 fit 是如何決定 X_train 與 y_train 之間的關聯？接下來試圖理解它。

8.6 前向傳播

我們提過一個最基礎的深度學習模型會有輸入層、隱藏層與輸出層至少三層的深度，透過各層之間的單位相連接，可以得到由權重矩陣 W 與誤差矩陣 B 所組成的係數，這組係數經過訓練之後，可以將輸入的特徵矩陣 X 映射為目標矩陣 $\hat{Y}$。每層都是由啟動函式、前一層的輸出、當層的權重矩陣與誤差矩陣結合，然後成為下一層的輸入。

$$Z^{(1)} = W^{(1)}A^{(0)} + B^{(1)} = W^{(1)}X^T + B^{(1)} \tag{8.6}$$

$$A^{(1)} = \sigma(Z^{(1)}) \tag{8.7}$$

$$Z^{(2)} = W^{(2)}A^{(1)} + B^{(2)} \tag{8.8}$$

$$A^{(2)} = \sigma(Z^{(2)}) = \hat{Y} \tag{8.9}$$

以前述使用 Keras 建立的深度學習模型為例，輸入層單位數 2、隱藏層單位數 4 以及輸出層單位數 1，截至於此，資料（Experiment）與任務（Task）已經被定義妥善，特徵矩陣 X 外觀 $(m, 2)$，目標向量 y 外觀 $(m,)$，$W^{(1)}$ 外觀 $(4, 2)$，$B^{(1)}$ 外觀 $(4, 1)$，$W^{(2)}$ 外觀 $(1, 4)$，$B^{(2)}$ 外觀 $(1, 1)$。從「輸入層到隱藏層」$W^{(1)}$ 和 X^T 相乘再加上 $B^{(1)}$，$A^{(1)}$ 外觀是 $(4, m)$；從「隱藏層到輸出層」$W^{(2)}$ 和 $A^{(1)}$ 相乘再加上 $B^{(2)}$，$A^{(2)}$ 外觀是 $(1, m)$。

8.7 反向傳播

接下來還需要定義評估（Performance），深度學習模型完成一次前向傳播，特徵矩陣 X 就會依賴當下的權重矩陣 $W^{(i)}$ 和誤差矩陣 $B^{(i)}$ 跟隨著結構由輸入層、隱藏層移動到輸出層成為 $\hat{y}$，這時就能夠計算 y 與 $\hat{y}$ 之間的誤差量值，如果是數值預測的任務，使用均方誤差評估。

$$J(W, N) = \frac{1}{m} \parallel Y - \hat{Y} \parallel^2 \tag{8.10}$$

$$= \frac{1}{m} \parallel Y - h(X; W, B) \parallel^2 \tag{8.11}$$

若是類別預測的任務，使用交叉熵評估。

$$J(W, B) = \frac{1}{m}(-Ylog(\hat{Y}) - (1 - Y)log(1 - \hat{Y})) \tag{8.12}$$

$$= \frac{1}{m}(-Ylog(h(X; W, B)) - (1 - Y)log(1 - h(X; W, B))) \tag{8.13}$$

接下來模型可以分別計算誤差函式 $J(W, B)$ 關於各層中的權重矩陣與誤差矩陣之偏微分，並且返回各層決定該如何更新權重矩陣與誤差矩陣，目標在下一次前向傳播結束之後能夠讓誤差下降，這樣的技巧稱為「反向傳播」（Backpropagation），是一種專門使用在深度學習模型中的梯度遞減演算方法，α 同樣用來標註學習速率。

$$W^{(i)} := W^{(i)} - \alpha \frac{\partial J(W, B)}{\partial W^{(i)}} \qquad (8.14)$$

$$B^{(i)} := B^{(i)} - \alpha \frac{\partial J(W, B)}{\partial B^{(i)}} \qquad (8.15)$$

我們可以應用在類別預測任務中介紹過的連鎖法則（Chain rule）求解它關於各層中的權重矩陣與誤差向量之偏微分，以一個具有三層結構的深度學習模型為例，反向傳播會先更新「隱藏至輸出」階段中的 $W^{(1)}$ 以及 $B^{(1)}$。

$$\frac{\partial J}{\partial W^{(1)}} = \frac{\partial J}{\partial A^{(1)}} \frac{\partial A^{(1)}}{\partial Z^{(1)}} \frac{\partial Z^{(1)}}{\partial W^{(1)}} \qquad (8.16)$$

$$\frac{\partial J}{\partial B^{(1)}} = \frac{\partial J}{\partial A^{(1)}} \frac{\partial A^{(1)}}{\partial Z^{(1)}} \frac{\partial Z^{(1)}}{\partial B^{(1)}} \qquad (8.17)$$

再返回更新「輸入至隱藏」階段中的 $W^{(0)}$ 以及 $B^{(0)}$。

$$\frac{\partial J}{\partial W^{(0)}} = \frac{\partial J}{\partial A^{(1)}} \frac{\partial A^{(1)}}{\partial Z^{(1)}} \frac{\partial Z^{(1)}}{\partial A^{(0)}} \frac{\partial A^{(0)}}{\partial Z^{(0)}} \frac{\partial Z^{(0)}}{\partial W^{(0)}} \qquad (8.18)$$

$$\frac{\partial J}{\partial B^{(0)}} = \frac{\partial J}{\partial A^{(1)}} \frac{\partial A^{(1)}}{\partial Z^{(1)}} \frac{\partial Z^{(1)}}{\partial A^{(0)}} \frac{\partial A^{(0)}}{\partial Z^{(0)}} \frac{\partial Z^{(0)}}{\partial B^{(0)}} \qquad (8.19)$$

寫成一個泛化的式子來定義在單層的反向傳播需要求解哪些偏微分的項目，這裡我們改使用 $J^{(i)}$ 表示單層的輸出，在「輸入至隱藏」或「隱藏至隱藏」階段，可以想像只是部分的誤差。

$$\frac{\partial J^{(i)}}{\partial W^{(i)}} = \frac{\partial J^{(i)}}{\partial A^{(i)}} \frac{\partial A^{(i)}}{\partial Z^{(i)}} \frac{\partial Z^{(i)}}{\partial W^{(i)}} \qquad (8.20)$$

$$\frac{\partial J^{(i)}}{\partial B^{(i)}} = \frac{\partial J^{(i)}}{\partial A^{(i)}} \frac{\partial A^{(i)}}{\partial Z^{(i)}} \frac{\partial Z^{(i)}}{\partial B^{(i)}} \tag{8.21}$$

到這裡我們終於能體會為何深度學習模型的梯度遞減演算方法必須特別以反向傳播實踐，這是由於在更新「輸入至隱藏」階段中的 $W^{(0)}$ 以及 $B^{(0)}$，必須倚賴「隱藏至輸出」階段中的 $A^{(1)}$ 以及 $Z^{(1)}$，意即第 i 層的權重矩陣和誤差矩陣的更新是依據第 $i+1$ 層的輸出。

最後我們需要推導在 $J(W, B)$ 關於輸出層的權重矩陣與誤差向量之偏微分，經由連鎖法則展開的偏微分各別為何。首先計算「輸出至隱藏」階段的 $\frac{\partial J}{\partial \hat{Y}}$，由於接著希望自訂類別重現前述的 Keras 二元分類範例，誤差函式採用交叉熵。

$$\frac{\partial J}{\partial \hat{Y}} = \frac{\partial}{\partial \hat{Y}} \left(\frac{1}{m} (-Y log(\hat{Y}) - (1 - Y) log(1 - \hat{Y})) \right) \tag{8.22}$$

$$= \frac{1}{m} \left(-Y \frac{1}{\hat{Y}} - (1 - Y) \frac{1}{1 - \hat{Y}} (-1) \right) \tag{8.23}$$

$$= \frac{1}{m} \left(-\frac{Y}{\hat{Y}} + \frac{1 - Y}{1 - \hat{Y}} \right) \tag{8.24}$$

$$= -\frac{1}{m} \left(\frac{Y}{\hat{Y}} - \frac{1 - Y}{1 - \hat{Y}} \right) \tag{8.25}$$

接著是在單層反向傳播需要求解的偏微分項目。

$$\frac{\partial J^{(i)}}{\partial A^{(i)}} \frac{\partial A^{(i)}}{\partial Z^{(i)}} = \frac{\partial J^{(i)}}{\partial A^{(i)}} \sigma'(Z^{(i)}) = dZ^{(i)} \tag{8.26}$$

$$\frac{\partial J^{(i)}}{\partial W^{(i)}} = \frac{\partial J^{(i)}}{\partial A^{(i)}} \frac{\partial A^{(i)}}{\partial Z^{(i)}} \frac{\partial Z^{(i)}}{\partial W^{(i)}} = dZ^{(i)} A^{(i-1)} \tag{8.27}$$

$$\frac{\partial J^{(i)}}{\partial B^{(i)}} = \frac{\partial J^{(i)}}{\partial A^{(i)}} \frac{\partial A^{(i)}}{\partial Z^{(i)}} \frac{\partial Z^{(i)}}{\partial B^{(i)}} = dZ^{(i)} \tag{8.28}$$

$$\frac{\partial J^{(i)}}{\partial A^{(i-1)}} = \frac{\partial J^{(i)}}{\partial A^{(i)}} \frac{\partial A^{(i)}}{\partial Z^{(i)}} \frac{\partial Z^{(i)}}{\partial A^{(i-1)}} = dZ^{(i)} W^{(i)} \tag{8.29}$$

8.8 自訂深度學習類別 DeepLearning

我們可以前向傳播與反向傳播的定義自訂 DeepLearning 類別，檢視迭代後是否也能最適化各層的 W 與 B，首先是依據使用者的輸入初始化深度學習模型的結構。

In [9]:
```python
def __init__(self, layer_of_units):
    self._n_layers = len(layer_of_units)
    parameters = {}
    for i in range(self._n_layers - 1):
        parameters['W{}'.format(i + 1)] = np.random.rand(layer_of_units[i + 1], layer_of_units[i])
        parameters['B{}'.format(i + 1)] = np.random.rand(layer_of_units[i + 1], 1)
    self._parameters = parameters
```

接著定義前向傳播方法 forward_propagation。

In [10]:
```python
def sigmoid(self, Z):
    return 1/(1 + np.exp(-Z))
def single_layer_forward_propagation(self, A_previous, W_current, B_current):
    Z_current = np.dot(W_current, A_previous) + B_current
    A_current = self.sigmoid(Z_current)
    return A_current, Z_current
def forward_propagation(self):
    self._m = self._X_train.shape[0]
    X_train_T = self._X_train.copy().T
    cache = {}
    A_current = X_train_T
```

```
for i in range(self._n_layers - 1):
    A_previous = A_current
    W_current = self._parameters["W{}".format(i + 1)]
    B_current = self._parameters["B{}".format(i + 1)]
    A_current, Z_current = self.single_layer_forward_propagation(A_
previous, W_current, B_current)
    cache["A{}".format(i)] = A_previous
    cache["Z{}".format(i + 1)] = Z_current
self._cache = cache
self._A_current = A_current
```

然後定義反向傳播方法 backward_propagation。

In [11]:
```
def derivative_sigmoid(self, Z):
    sig = self.sigmoid(Z)
    return sig * (1 - sig)
def single_layer_backward_propagation(self, dA_current, W_current, B_
current, Z_current, A_previous):
    dZ_current = dA_current * self.derivative_sigmoid(Z_current)
    dW_current = np.dot(dZ_current, A_previous.T) / self._m
    dB_current = np.sum(dZ_current, axis=1, keepdims=True) / self._m
    dA_previous = np.dot(W_current.T, dZ_current)
    return dA_previous, dW_current, dB_current
def backward_propagation(self):
    gradients = {}
    self.forward_propagation()
    Y_hat = self._A_current.copy()
    Y_train = self._y_train.copy().reshape(1, self._m)
    dA_previous = - (np.divide(Y_train, Y_hat) - np.divide(1 - Y_train, 1 - Y_
hat))
```

```
for i in reversed(range(dl._n_layers - 1)):
    dA_current = dA_previous
    A_previous = self._cache["A{}".format(i)]
    Z_current = self._cache["Z{}".format(i + 1)]
    W_current = self._parameters["W{}".format(i + 1)]
    B_current = self._parameters["B{}".format(i + 1)]
    dA_previous, dW_current, dB_current = self.single_layer_backward_
propagation(dA_current, W_current, B_current, Z_current, A_previous)
    gradients["dW{}".format(i + 1)] = dW_current
    gradients["dB{}".format(i + 1)] = dB_current
    self._gradients = gradients
```

接著應用梯度遞減定義每一層的權重與誤差的更新方法 gradient_descent。

In [12]:
```
def gradient_descent(self):
    for i in range(self._n_layers - 1):
        self._parameters["W{}".format(i + 1)] -= self._learning_rate * self._
gradients["dW{}".format(i + 1)]
        self._parameters["B{}".format(i + 1)] -= self._learning_rate * self._
gradients["dB{}".format(i + 1)]
```

最後是訓練的方法 fit。

In [13]:
```
def fit(self, X_train, y_train, epochs = 100000, learning_rate = 0.001):
    self._X_train = X_train.copy()
    self._y_train = y_train.copy()
    self._learning_rate = learning_rate
    loss_history = []
    accuracy_history = []
    n_prints = 10
```

```
print_iter = epochs // n_prints
for i in range(epochs):
    self.forward_propagation()
    ce = self.cross_entropy()
    accuracy = self.accuracy_score()
    loss_history.append(ce)
    accuracy_history.append(accuracy)
    self.backward_propagation()
    self.gradient_descent()
    if i % print_iter == 0:
        print("Iteration: {:6} - cost: {:.6f} - accuracy: {:.2f}%".format(i, ce,
accuracy * 100))
    self._loss_history = loss_history
    self._accuracy_history = accuracy_history
```

再加上定義誤差函式交叉熵 cross_entropy 以及模型的評估指標 accuracy_
score。

In [14]:
```
def cross_entropy(self):
    Y_hat = self._A_current.copy()
    self._Y_hat = Y_hat
    Y_train = self.y_train.copy().reshape(1, self._m)
    ce = -1 / self._m * (np.dot(Y_train, np.log(Y_hat).T) + np.dot(1 - Y_train,
np.log(1 - Y_hat).T))
    return ce[0, 0]
def accuracy_score(self):
    p_pred = self._Y_hat.ravel()
    y_pred = np.where(p_pred > 0.5, 1, 0)
    y_true = self._y_train
    accuracy = (y_pred == y_true).sum() / y_pred.size
    return accuracy
```

將前述的方法整合到 DeepLearning 類別中。

In [15]:
```python
class DeepLearning:
    """
    This class defines the vanilla optimization of a deep learning model.
    Args:
        layer_of_units (list): A list to specify the number of units in each layer.
    """
    def __init__(self, layer_of_units):
        self._n_layers = len(layer_of_units)
        parameters = {}
        for i in range(self._n_layers - 1):
            parameters['W{}'.format(i + 1)] = np.random.rand(layer_of_units[i + 1], layer_of_units[i])
            parameters['B{}'.format(i + 1)] = np.random.rand(layer_of_units[i + 1], 1)
        self._parameters = parameters
    def sigmoid(self, Z):
        """
        This function returns the Sigmoid output.
        Args:
            Z (ndarray): The multiplication of weights and output from previous layer.
        """
        return 1/(1 + np.exp(-Z))
    def single_layer_forward_propagation(self, A_previous, W_current, B_current):
        """
        This function returns the output of a single layer of forward propagation.
        Args:
            A_previous (ndarray): The Sigmoid output from previous layer.
```

```
        W_current (ndarray): The weights of current layer.
        B_current (ndarray): The bias of current layer.
    """
    Z_current = np.dot(W_current, A_previous) + B_current
    A_current = self.sigmoid(Z_current)
    return A_current, Z_current
def forward_propagation(self):
    """
    This function returns the output of a complete round of forward
propagation.
    """
    self._m = self._X_train.shape[0]
    X_train_T = self._X_train.copy().T
    cache = {}
    A_current = X_train_T
    for i in range(self._n_layers - 1):
        A_previous = A_current
        W_current = self._parameters["W{}".format(i + 1)]
        B_current = self._parameters["B{}".format(i + 1)]
        A_current, Z_current = self.single_layer_forward_propagation(A_
previous, W_current, B_current)
        cache["A{}".format(i)] = A_previous
        cache["Z{}".format(i + 1)] = Z_current
    self._cache = cache
    self._A_current = A_current
def derivative_sigmoid(self, Z):
    """
    This function returns the output of the derivative of Sigmoid function.
    Args:
        Z (ndarray): The multiplication of weights, bias and output from
previous layer.
```

```
    """
    sig = self.sigmoid(Z)
    return sig * (1 - sig)
def single_layer_backward_propagation(self, dA_current, W_current, B_
current, Z_current, A_previous):
    """
    This function returns the output of a single layer of backward
propagation.
    Args:
        dA_current (ndarray): The output of the derivative of Sigmoid
function from previous layer.
        W_current (ndarray): The weights of current layer.
        B_current (ndarray): The bias of current layer.
        Z_current (ndarray): The multiplication of weights, bias and output
from previous layer.
        A_previous (ndarray): The Sigmoid output from previous layer.
    """
    dZ_current = dA_current * self.derivative_sigmoid(Z_current)
    dW_current = np.dot(dZ_current, A_previous.T) / self._m
    dB_current = np.sum(dZ_current, axis=1, keepdims=True) / self._m
    dA_previous = np.dot(W_current.T, dZ_current)
    return dA_previous, dW_current, dB_current
def backward_propagation(self):
    """
    This function performs a complete round of backward propagation to
update weights and bias.
    """
    gradients = {}
    self.forward_propagation()
    Y_hat = self._A_current.copy()
    Y_train = self._y_train.copy().reshape(1, self._m)
```

```
    dA_previous = - (np.divide(Y_train, Y_hat) - np.divide(1 - Y_train, 1 -
Y_hat))
    for i in reversed(range(dl._n_layers - 1)):
        dA_current = dA_previous
        A_previous = self._cache["A{}".format(i)]
        Z_current = self._cache["Z{}".format(i + 1)]
        W_current = self._parameters["W{}".format(i + 1)]
        B_current = self._parameters["B{}".format(i + 1)]
        dA_previous, dW_current, dB_current = self.single_layer_backward_
propagation(dA_current, W_current, B_current, Z_current, A_previous)
        gradients["dW{}".format(i + 1)] = dW_current
        gradients["dB{}".format(i + 1)] = dB_current
    self._gradients = gradients
def cross_entropy(self):
    """
    This function returns the cross entropy given weights and bias.
    """
    Y_hat = self._A_current.copy()
    self._Y_hat = Y_hat
    Y_train = self._y_train.copy().reshape(1, self._m)
    ce = -1 / self._m * (np.dot(Y_train, np.log(Y_hat).T) + np.dot(1 - Y_
train, np.log(1 - Y_hat).T))
    return ce[0, 0]
def accuracy_score(self):
    """
    This function returns the accuracy score given weights and bias.
    """
    p_pred = self._Y_hat.ravel()
    y_pred = np.where(p_pred > 0.5, 1, 0)
    y_true = self._y_train
    accuracy = (y_pred == y_true).sum() / y_pred.size
```

```
    return accuracy
  def gradient_descent(self):
    """

    This function performs vanilla gradient descent to update weights and
bias.
    """

    for i in range(self._n_layers - 1):
      self._parameters["W{}".format(i + 1)] -= self._learning_rate * self._
gradients["dW{}".format(i + 1)]
      self._parameters["B{}".format(i + 1)] -= self._learning_rate * self._
gradients["dB{}".format(i + 1)]
  def fit(self, X_train, y_train, epochs=100000, learning_rate=0.001):
    """

    This function uses multiple rounds of forward propagations and
backward propagations to optimize weights and bias.
    Args:
      X_train (ndarray): 2d-array for feature matrix of training data.
      y_train (ndarray): 1d-array for target vector of training data.
      epochs (int): The number of iterations to update the model weights.
      learning_rate (float): The learning rate of gradient descent.
    """

    self._X_train = X_train.copy()
    self._y_train = y_train.copy()
    self._learning_rate = learning_rate
    loss_history = []
    accuracy_history = []
    n_prints = 10
    print_iter = epochs // n_prints
    for i in range(epochs):
      self.forward_propagation()
      ce = self.cross_entropy()
```

```
        accuracy = self.accuracy_score()
        loss_history.append(ce)
        accuracy_history.append(accuracy)
        self.backward_propagation()
        self.gradient_descent()
        if i % print_iter = = 0:
            print("Iteration: {:6} - cost: {:.6f} - accuracy: {:.2f}%".format(i, ce,
accuracy * 100))
    self._loss_history = loss_history
    self._accuracy_history = accuracy_history
  def predict_proba(self, X_test):
    """

    This function returns predicted probability for class 1 with weights of
this model.
    Args:
        X_test (ndarray): 2d-array for feature matrix of test data.
    """
    X_test_T = X_test.copy().T
    A_current = X_test_T
    for i in range(self._n_layers - 1):
        A_previous = A_current
        W_current = self._parameters["W{}".format(i + 1)]
        B_current = self._parameters["B{}".format(i + 1)]
        A_current, Z_current = self.single_layer_forward_propagation(A_
previous, W_current, B_current)
        self._cache["A{}".format(i)] = A_previous
        self._cache["Z{}".format(i + 1)] = Z_current
    p_hat_1 = A_current.copy().ravel()
    return p_hat_1
  def predict(self, X_test):
    p_hat_1 = self.predict_proba(X_test)
    return np.where(p_hat_1 > = 0.5, 1, 0)
```

In [16]:

```
dl = DeepLearning([2, 4, 1])
dl.fit(X_train, y_train)
```

```
Iteration:     0 - cost: 1.187214 - accuracy: 51.34%
Iteration: 10000 - cost: 0.663117 - accuracy: 64.09%
Iteration: 20000 - cost: 0.592690 - accuracy: 75.96%
Iteration: 30000 - cost: 0.508603 - accuracy: 81.01%
Iteration: 40000 - cost: 0.437602 - accuracy: 85.16%
Iteration: 50000 - cost: 0.385372 - accuracy: 86.35%
Iteration: 60000 - cost: 0.348573 - accuracy: 86.65%
Iteration: 70000 - cost: 0.323039 - accuracy: 88.43%
Iteration: 80000 - cost: 0.305436 - accuracy: 89.02%
Iteration: 90000 - cost: 0.293302 - accuracy: 89.02%
```

In [17]:

```
resolution = 50
apg = player_stats['apg'].values.astype(float)
rpg = player_stats['rpg'].values.astype(float)
X1 = np.linspace(apg.min() - 0.5, apg.max() + 0.5, num=resolution).
reshape(-1, 1)
X2 = np.linspace(rpg.min() - 0.5, rpg.max() + 0.5, num=resolution).
reshape(-1, 1)
APG, RPG = np.meshgrid(X1, X2)
Y_hat = np.zeros((resolution, resolution))
for i in range(resolution):
    for j in range(resolution):
        xx_ij = APG[i, j]
        yy_ij = RPG[i, j]
        X_plot = np.array([xx_ij, yy_ij]).reshape(1, -1)
        z = dl.predict(X_plot)[0]
        Y_hat[i, j] = z
```

In [18]:

```
fig, ax = plt.subplots()
CS = ax.contourf(APG, RPG, Y_hat, alpha=0.2, cmap='RdBu')
colors = ['red', 'blue']
unique_categories = np.unique(y)
for color, i in zip(colors, unique_categories):
    xi = apg[y == i]
    yi = rpg[y == i]
    ax.scatter(xi, yi, c=color, edgecolor='k', label="{}".format(pos_dict[i]),
alpha=0.6)
ax.set_title("Decision boundary of Forwards vs. Guards")
ax.set_xlabel("Assists per game")
ax.set_ylabel("Rebounds per game")
ax.legend()
plt.show()
```

此刻我們已經知道深度學習模型如何最適化 $W^{(i)}$ 與 $B^{(i)}$ 的核心技巧反向傳播與前向傳播是如何運作，接著可以開始嘗試使用 Keras 建置不同層數、

單位數、啟動函式與最適化演算方法（Optimizer）的深度學習模型，將
其運用在 Keras 內建的 MNIST 資料、時裝 MNIST 資料上，開啟深度學
習的旅程。

8.9 MNIST 資料與時裝 MNIST 資料

MNIST 是電腦視覺（Computer vision）的「哈囉世界」（"Hello world"）
資料。自從 1999 年釋出以來，手寫數字圖片資料集成為區隔類別預測任
務的基準，儘管隨著機器學習、深度學習技術的推陳出新，手寫數字圖
片依然是研究人員和學生用來測試模型基準的首選，可以透過 tensorflow.
keras.datasets.mnist 的 load_data() 方法載入。

In [19]:
```
(X_train, y_train), (X_test, y_test) = datasets.mnist.load_data()
iss = ImshowSubplots(3, 5, (8, 6))
iss.im_show(X_train, y_train)
```

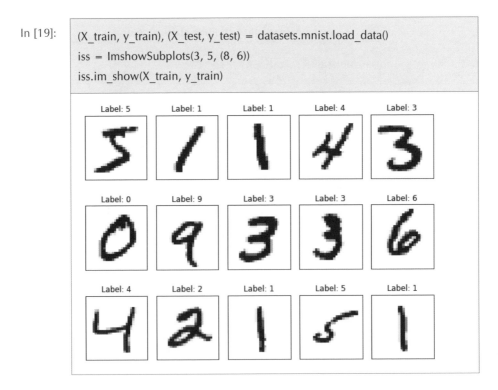

時裝 MNIST 是由 Zalando 釋出的時裝灰階圖片資料集，讀者可以將它當作電腦視覺與深度學習的第二個「哈囉世界」，透過 tensorflow.keras.datasets.fashion_mnist 的 load_data() 方法載入。

In [20]:

```
(X_train, y_train), (X_test, y_test) = datasets.fashion_mnist.load_data()
fashion_mnist_labels = {
    0: "T-shirt/top",  # index 0
    1: "Trouser",      # index 1
    2: "Pullover",     # index 2
    3: "Dress",        # index 3
    4: "Coat",         # index 4
    5: "Sandal",       # index 5
    6: "Shirt",        # index 6
    7: "Sneaker",      # index 7
    8: "Bag",          # index 8
    9: "Ankle boot"    # index 9
}
iss = ImshowSubplots(3, 5, (8, 6))
iss.im_show(X_train, y_train, label_dict=fashion_mnist_labels)
```

In [21]:
```
w, h = 28, 28
X_train, X_valid = X_train[5000:], X_train[:5000]
y_train, y_valid = y_train[5000:], y_train[:5000]
X_train = X_train.reshape(X_train.shape[0], w*h)
X_valid = X_valid.reshape(X_valid.shape[0], w*h)
X_test = X_test.reshape(X_test.shape[0], w*h)
y_train = utils.to_categorical(y_train, 10)
y_valid = utils.to_categorical(y_valid, 10)
y_test = utils.to_categorical(y_test, 10)
```

任意建置一個不同層數、單位數、啟動函式與最適化演算方法
（Optimizer）的深度學習模型。

In [22]:
```
model = models.Sequential([
    Input(28*28),
    layers.Dense(2**8, activation='sigmoid'),
    layers.Dense(2**8, activation='sigmoid'),
    layers.Dense(2**8, activation='sigmoid'),
    layers.Dense(10, activation='softmax')
])
```

In [23]:
```
model.summary()
```

Model: "sequential_1"

Layer (type)	Output Shape	Param #
dense_2 (Dense)	(None, 256)	200960
dense_3 (Dense)	(None, 256)	65792

dense_4 (Dense)	(None, 256)	65792
dense_5 (Dense)	(None, 10)	2570

```
Total params: 335,114
Trainable params: 335,114
Non-trainable params: 0
```

In [24]:
```python
model.compile(optimizer = 'Adam', loss = 'categorical_crossentropy',
metrics = ['accuracy'])
```

In [25]:
```python
n_iters = 5
model.fit(X_train, y_train,
        validation_data = (X_valid, y_valid),
        epochs = n_iters)
```

```
Epoch 1/5
1719/1719 [==============================] - 6s 3ms/step - loss:
0.8914 - accuracy: 0.6605 - val_loss: 0.8379 - val_accuracy: 0.6696
Epoch 2/5
1719/1719 [==============================] - 6s 3ms/step - loss:
0.7589 - accuracy: 0.7004 - val_loss: 0.8030 - val_accuracy: 0.6686
Epoch 3/5
1719/1719 [==============================] - 6s 3ms/step - loss:
0.7418 - accuracy: 0.7048 - val_loss: 0.7010 - val_accuracy: 0.7236
Epoch 4/5
1719/1719 [==============================] - 6s 4ms/step - loss:
0.7399 - accuracy: 0.7080 - val_loss: 0.6857 - val_accuracy: 0.7296
Epoch 5/5
1719/1719 [==============================] - 6s 3ms/step - loss:
0.6985 - accuracy: 0.7251 - val_loss: 0.6714 - val_accuracy: 0.7468
```

Out [25]:
```
<tensorflow.python.keras.callbacks.History at 0x7fd6fd0c4a58>
```

In [26]:

```python
y_hat = model.predict(X_test)
fig, axes = plt.subplots(3, 5, figsize=(12, 6))
for i, index in enumerate(np.random.choice(X_test.shape[0], size=15,
replace=False)):
    row_idx = i % 3
    col_idx = i // 3
    axes[row_idx, col_idx].imshow(X_test[index].reshape(w, h),
cmap="Greys")
    axes[row_idx, col_idx].set_xticks([])
    axes[row_idx, col_idx].set_yticks([])
    predict_index = np.argmax(y_hat[index])
    true_index = np.argmax(y_test[index])
    axes[row_idx, col_idx].set_title(
        "{} ({})".format(fashion_mnist_labels[predict_index], fashion_mnist_
labels[true_index]),
        color=("green" if predict_index == true_index else "red")
    )
plt.show()
```

In [27]:

```
score = model.evaluate(X_valid, y_valid)
loss, accuracy = score
print("Accuracy: {:.2f}%".format(accuracy*100))
```

```
157/157 [==============================] - 0s 2ms/step - loss: 0.6714
- accuracy: 0.7468: 0s - loss: 0.6882 - accuracy: 0.
Accuracy: 74.68%
```

任意建置的深度學習模型辨識時裝 MNIST 圖片的表現顯然不是很好，假如讀者對於電腦視覺領域有興趣，可以自行試著利用 Keras 建置卷積神經網路（Convolutional Neural Network, CNN）來提升準確率，為往後深入認識更多專門作影像辨識的深度學習模型踏出第一步。

8.10 延伸閱讀

1. Ian Goodfellow ,Yoshua Bengio, and Aaron Courville: Deep Learning (https://www.amazon.com/Deep-Learning-Adaptive-Computation-Machine/dp/0262035618/)

2. Francois Chollet: Deep Learning with Python (https://www.amazon.com/Deep-Learning-Python-Francois-Chollet/dp/1617294438)

3. Keras - Getting started (https://keras.io/getting_started/)

4. Deep playground (https://playground.tensorflow.org/)

5. Fashion-MNIST (https://github.com/zalandoresearch/fashion-mnist)

6. How to build a Neural Network from scratch (https://www.freecodecamp.org/news/building-a-neural-network-from-scratch/)

A

pyvizml.py

In [1]:

```python
# -*- coding: utf-8 -*-
import requests
import numpy as np
import pandas as pd
import matplotlib.pyplot as plt


__author__ = '{Yao-Jen Kuo}'
__copyright__ = 'Copyright {2020}, {py-viz-ml-book}'
__license__ = '{MIT}'
__version__ = '{1}.{0}.{0}'
__maintainer__ = '{Yao-Jen Kuo}'
__email__ = '{tonykuoyj@gmail.com}'
```

```python
class CreateNBAData:
    """
    This class scrapes NBA.com offical api: data.nba.net.
    See https://data.nba.net/10s/prod/v1/today.json
    Args:
        season_year (int): Use the first year to specify season, e.g. specify 2019
for the 2019-2020 season.
    """
    def __init__(self, season_year):
        self._season_year = str(season_year)


    def create_players_df(self):
        """
        This function returns the DataFrame of player information.
        """
        request_url = "https://data.nba.net/prod/v1/{}/players.json".format(self._
season_year)
        resp_dict = requests.get(request_url).json()
        players_list = resp_dict['league']['standard']
        players_list_dict = []
        print("Creating players df...")
        for p in players_list:
            player_dict = {}
            for k, v in p.items():
                if isinstance(v, str) or isinstance(v, bool):
                    player_dict[k] = v
            players_list_dict.append(player_dict)
        df = pd.DataFrame(players_list_dict)
        filtered_df = df[(df['isActive']) & (df['heightMeters'] != '')]
        filtered_df = filtered_df.reset_index(drop=True)
```

```
        self._person_ids = filtered_df['personId'].values
        return filtered_df
    def create_stats_df(self):
        """

        This function returns the DataFrame of player career statistics.
        """

        self.create_players_df()
        career_summaries = []
        print("Creating player stats df...")
        for pid in self._person_ids:
            request_url = "https://data.nba.net/prod/v1/{}/players/{}_profile.
json".format(self._season_year, pid)
            response = requests.get(request_url)
            profile_json = response.json()
            career_summary = profile_json['league']['standard']['stats']
['careerSummary']
            career_summaries.append(career_summary)
        stats_df = pd.DataFrame(career_summaries)
        stats_df.insert(0, 'personId', self._person_ids)
        return stats_df


    def create_player_stats_df(self):
        """

        This function returns the DataFrame merged from players_df and stats_
df.
        """

        players = self.create_players_df()
        stats = self.create_stats_df()
        player_stats = pd.merge(players, stats, left_on='personId', right_
on='personId')
```

```
        return player_stats

class ImshowSubplots:
    """
    This class plots 2d-arrays with subplots.
    Args:
        rows (int): The number of rows of axes.
        cols (int): The number of columns of axes.
        fig_size (tuple): Figure size.
    """
    def __init__(self, rows, cols, fig_size):
        self._rows = rows
        self._cols = cols
        self._fig_size = fig_size
    def im_show(self, X, y, label_dict=None):
        """
        This function plots 2d-arrays with subplots.
        Args:
            X (ndarray): 2d-arrays.
            y (ndarray): Labels for 2d-arrays.
            label_dict (dict): Str labels for y if any.
        """
        n_pics = self._rows*self._cols
        first_n_pics = X[:n_pics, :, :]
        first_n_labels = y[:n_pics]
        fig, axes = plt.subplots(self._rows, self._cols, figsize=self._fig_size)
        for i in range(n_pics):
            row_idx = i % self._rows
            col_idx = i // self._rows
            axes[row_idx, col_idx].imshow(first_n_pics[i], cmap="Greys")
```

```
            if label_dict is not None:
                axes[row_idx, col_idx].set_title("Label: {}".format(label_dict(first_
n_labels[i])))
            else:
                axes[row_idx, col_idx].set_title("Label: {}".format(first_n_labels[i]))
            axes[row_idx, col_idx].set_xticks([])
            axes[row_idx, col_idx].set_yticks([])
        plt.tight_layout()
        plt.show()
class NormalEquation:
    """

    This class defines the Normal equation for linear regression.
    Args:
        fit_intercept (bool): Whether to add intercept for this model.
    """

    def __init__(self, fit_intercept=True):
        self._fit_intercept = fit_intercept
    def fit(self, X_train, y_train):
        """

    This function uses Normal equation to solve for weights of this model.
    Args:
        X_train (ndarray): 2d-array for feature matrix of training data.
        y_train (ndarray): 1d-array for target vector of training data.
    """

        self._X_train = X_train.copy()
        self._y_train = y_train.copy()
        m = self._X_train.shape[0]
        if self._fit_intercept:
            X0 = np.ones((m, 1), dtype=float)
            self._X_train = np.concatenate([X0, self._X_train], axis=1)
```

```python
        X_train_T = np.transpose(self._X_train)
        left_matrix = np.dot(X_train_T, self._X_train)
        right_matrix = np.dot(X_train_T, self._y_train)
        left_matrix_inv = np.linalg.inv(left_matrix)
        w = np.dot(left_matrix_inv, right_matrix)
        w_ravel = w.ravel().copy()
        self._w = w
        self.intercept_ = w_ravel[0]
        self.coef_ = w_ravel[1:]
    def predict(self, X_test):
        """
        This function returns predicted values with weights of this model.
        Args:
            X_test (ndarray): 2d-array for feature matrix of test data.
        """
        self._X_test = X_test.copy()
        m = self._X_test.shape[0]
        if self._fit_intercept:
            X0 = np.ones((m, 1), dtype=float)
            self._X_test = np.concatenate([X0, self._X_test], axis=1)
        y_pred = np.dot(self._X_test, self._w)
        return y_pred


class GradientDescent:
    """
    This class defines the vanilla gradient descent algorithm for linear
    regression.
    Args:
        fit_intercept (bool): Whether to add intercept for this model.
    """
```

```python
    def __init__(self, fit_intercept=True):
        self._fit_intercept = fit_intercept
    def find_gradient(self):
        """

        This function returns the gradient given certain model weights.
        """

        y_hat = np.dot(self._X_train, self._w)
        gradient = (2/self._m) * np.dot(self._X_train.T, y_hat - self._y_train)
        return gradient
    def mean_squared_error(self):
        """

        This function returns the mean squared error given certain model
weights.
        """

        y_hat = np.dot(self._X_train, self._w)
        mse = ((y_hat - self._y_train).T.dot(y_hat - self._y_train)) / self._m
        return mse
    def fit(self, X_train, y_train, epochs=10000, learning_rate=0.001):
        """

        This function uses vanilla gradient descent to solve for weights of this
model.
        Args:
            X_train (ndarray): 2d-array for feature matrix of training data.
            y_train (ndarray): 1d-array for target vector of training data.
            epochs (int): The number of iterations to update the model weights.
            learning_rate (float): The learning rate of gradient descent.
        """

        self._X_train = X_train.copy()
        self._y_train = y_train.copy()
        self._m = self._X_train.shape[0]
```

```python
        if self._fit_intercept:
            X0 = np.ones((self._m, 1), dtype=float)
            self._X_train = np.concatenate([X0, self._X_train], axis=1)
        n = self._X_train.shape[1]
        self._w = np.random.rand(n)
        n_prints = 10
        print_iter = epochs // n_prints
        w_history = dict()
        for i in range(epochs):
            current_w = self._w.copy()
            w_history[i] = current_w
            mse = self.mean_squared_error()
            gradient = self.find_gradient()
            if i % print_iter == 0:
                print("epoch: {:6} - loss: {:.6f}".format(i, mse))
            self._w -= learning_rate*gradient
        w_ravel = self._w.copy().ravel()
        self.intercept_ = w_ravel[0]
        self.coef_ = w_ravel[1:]
        self._w_history = w_history
    def predict(self, X_test):
        """
        This function returns predicted values with weights of this model.
        Args:
            X_test (ndarray): 2d-array for feature matrix of test data.
        """
        self._X_test = X_test
        m = self._X_test.shape[0]
        if self._fit_intercept:
            X0 = np.ones((m, 1), dtype=float)
```

```
        self._X_test = np.concatenate([X0, self._X_test], axis=1)
    y_pred = np.dot(self._X_test, self._w)
    return y_pred


class AdaGrad(GradientDescent):
    """

    This class defines the Adaptive Gradient Descent algorithm for linear
regression.
    """

    def fit(self, X_train, y_train, epochs=10000, learning_rate=0.01,
epsilon=1e-06):
        self._X_train = X_train.copy()
        self._y_train = y_train.copy()
        self._m = self._X_train.shape[0]
        if self._fit_intercept:
            X0 = np.ones((self._m, 1), dtype=float)
            self._X_train = np.concatenate([X0, self._X_train], axis=1)
        n = self._X_train.shape[1]
        self._w = np.random.rand(n)
        # 初始化 ssg
        ssg = np.zeros(n, dtype=float)
        n_prints = 10
        print_iter = epochs // n_prints
        w_history = dict()
        for i in range(epochs):
            current_w = self._w.copy()
            w_history[i] = current_w
            mse = self.mean_squared_error()
            gradient = self.find_gradient()
            ssg += gradient**2
```

```
        ada_grad = gradient / (epsilon + ssg**0.5)
        if i % print_iter == 0:
            print("epoch: {:6} - loss: {:.6f}".format(i, mse))
        # 以 adaptive gradient 更新 w
        self._w -= learning_rate*ada_grad
    w_ravel = self._w.copy().ravel()
    self.intercept_ = w_ravel[0]
    self.coef_ = w_ravel[1:]
    self._w_history = w_history

class LogitReg:
    """
    This class defines the vanilla descent algorithm for logistic regression.
    Args:
        fit_intercept (bool): Whether to add intercept for this model.
    """
    def __init__(self, fit_intercept=True):
        self.fit_intercept = fit_intercept
    def sigmoid(self, X):
        """
        This function returns the Sigmoid output as a probability given certain
    model weights.
        """
        X_w = np.dot(X, self._w)
        p_hat = 1 / (1 + np.exp(-X_w))
        return p_hat
    def find_gradient(self):
        """
        This function returns the gradient given certain model weights.
        """
```

```
        m = self._m
        p_hat = self.sigmoid(self._X_train)
        X_train_T = np.transpose(self._X_train)
        gradient = (1/m) * np.dot(X_train_T, p_hat - self._y_train)
        return gradient
    def cross_entropy(self, epsilon=1e-06):
        """

        This function returns the cross entropy given certain model weights.
        """

        m = self._m
        p_hat = self.sigmoid(self._X_train)
        cost_y1 = -np.dot(self._y_train, np.log(p_hat + epsilon))
        cost_y0 = -np.dot(1 - self._y_train, np.log(1 - p_hat + epsilon))
        cross_entropy = (cost_y1 + cost_y0) / m
        return cross_entropy
    def fit(self, X_train, y_train, epochs=10000, learning_rate=0.001):
        """

        This function uses vanilla gradient descent to solve for weights of this
model.
        Args:
            X_train (ndarray): 2d-array for feature matrix of training data.
            y_train (ndarray): 1d-array for target vector of training data.
            epochs (int): The number of iterations to update the model weights.
            learning_rate (float): The learning rate of gradient descent.
        """

        self._X_train = X_train.copy()
        self._y_train = y_train.copy()
        m = self._X_train.shape[0]
        self._m = m
        if self._fit_intercept:
```

```
        X0 = np.ones((self._m, 1), dtype=float)
        self._X_train = np.concatenate([X0, self._X_train], axis=1)
    n = self._X_train.shape[1]
    self._w = np.random.rand(n)
    n_prints = 10
    print_iter = epochs // n_prints
    for i in range(epochs):
        cross_entropy = self.cross_entropy()
        gradient = self.find_gradient()
        if i % print_iter == 0:
            print("epoch: {:6} - loss: {:.6f}".format(i, cross_entropy))
        self._w -= learning_rate*gradient
    w_ravel = self._w.ravel().copy()
    self.intercept_ = w_ravel[0]
    self.coef_ = w_ravel[1:].reshape(1, -1)
def predict_proba(self, X_test):
    """

    This function returns predicted probability with weights of this model.
    Args:
        X_test (ndarray): 2d-array for feature matrix of test data.
    """

    m = X_test.shape[0]
    if self._fit_intercept:
        X0 = np.ones((m, 1), dtype=float)
        self._X_test = np.concatenate([X0, X_test], axis=1)
    p_hat_1 = self.sigmoid(self._X_test).reshape(-1, 1)
    p_hat_0 = 1 - p_hat_1
    proba = np.concatenate([p_hat_0, p_hat_1], axis=1)
    return proba
def predict(self, X_test):
```

```
    """
        This function returns predicted label with weights of this model.
        Args:
            X_test (ndarray): 2d-array for feature matrix of test data.
        """
        proba = self.predict_proba(X_test)
        y_pred = np.argmax(proba, axis=1)
        return y_pred

class ClfMetrics:
    """
    This class calculates some of the metrics of classifier including accuracy,
precision, recall, f1 according to confusion matrix.
    Args:
        y_true (ndarray): 1d-array for true target vector.
        y_pred (ndarray): 1d-array for predicted target vector.
    """
    def __init__(self, y_true, y_pred):
        self._y_true = y_true
        self._y_pred = y_pred
    def confusion_matrix(self):
        """
        This function returns the confusion matrix given true/predicted target
vectors.
        """
        n_unique = np.unique(self._y_true).size
        cm = np.zeros((n_unique, n_unique), dtype=int)
        for i in range(n_unique):
            for j in range(n_unique):
                n_obs = np.sum(np.logical_and(self._y_true == i, self._y_pred
== j))
```

```
            cm[i, j] = n_obs
        self._tn = cm[0, 0]
        self._tp = cm[1, 1]
        self._fn = cm[0, 1]
        self._fp = cm[1, 0]
        return cm
    def accuracy_score(self):
        """
        This function returns the accuracy score given true/predicted target
vectors.
        """
        cm = self.confusion_matrix()
        accuracy = (self._tn + self._tp) / np.sum(cm)
        return accuracy
    def precision_score(self):
        """
        This function returns the precision score given true/predicted target
vectors.
        """
        precision = self._tp / (self._tp + self._fp)
        return precision
    def recall_score(self):
        """
        This function returns the recall score given true/predicted target vectors.
        """
        recall = self._tp / (self._tp + self._fn)
        return recall
    def f1_score(self, beta=1):
        """
        This function returns the f1 score given true/predicted target vectors.
        Args:
```

```
        beta (int, float): Can be used to generalize from f1 score to f score.
    """

    precision = self.precision_score()
    recall = self.recall_score()
    f1 = (1 + beta**2)*precision*recall / ((beta**2 * precision) + recall)
    return f1

class DeepLearning:
    """

    This class defines the vanilla optimization of a deep learning model.
    Args:
        layer_of_units (list): A list to specify the number of units in each layer.
    """

    def __init__(self, layer_of_units):
        self._n_layers = len(layer_of_units)
        parameters = {}
        for i in range(self._n_layers - 1):
            parameters['W{}'.format(i + 1)] = np.random.rand(layer_of_units[i
+ 1], layer_of_units[i])
            parameters['B{}'.format(i + 1)] = np.random.rand(layer_of_units[i +
1], 1)
        self._parameters = parameters
    def sigmoid(self, Z):
        """

        This function returns the Sigmoid output.
        Args:
            Z (ndarray): The multiplication of weights and output from previous
layer.
        """

        return 1/(1 + np.exp(-Z))
```

```python
def single_layer_forward_propagation(self, A_previous, W_current, B_current):
    """
    This function returns the output of a single layer of forward propagation.
    Args:
        A_previous (ndarray): The Sigmoid output from previous layer.
        W_current (ndarray): The weights of current layer.
        B_current (ndarray): The bias of current layer.
    """
    Z_current = np.dot(W_current, A_previous) + B_current
    A_current = self.sigmoid(Z_current)
    return A_current, Z_current
def forward_propagation(self):
    """
    This function returns the output of a complete round of forward propagation.
    """
    self._m = self._X_train.shape[0]
    X_train_T = self._X_train.copy().T
    cache = {}
    A_current = X_train_T
    for i in range(self._n_layers - 1):
        A_previous = A_current
        W_current = self._parameters["W{}".format(i + 1)]
        B_current = self._parameters["B{}".format(i + 1)]
        A_current, Z_current = self.single_layer_forward_propagation(A_previous, W_current, B_current)
        cache["A{}".format(i)] = A_previous
        cache["Z{}".format(i + 1)] = Z_current
    self._cache = cache
```

```
    self._A_current = A_current
  def derivative_sigmoid(self, Z):
      """

      This function returns the output of the derivative of Sigmoid function.
      Args:
          Z (ndarray): The multiplication of weights, bias and output from
  previous layer.
      """

      sig = self.sigmoid(Z)
      return sig * (1 - sig)
  def single_layer_backward_propagation(self, dA_current, W_current, B_
  current, Z_current, A_previous):
      """

      This function returns the output of a single layer of backward
  propagation.
      Args:
          dA_current (ndarray): The output of the derivative of Sigmoid
  function from previous layer.
          W_current (ndarray): The weights of current layer.
          B_current (ndarray): The bias of current layer.
          Z_current (ndarray): The multiplication of weights, bias and output
  from previous layer.
          A_previous (ndarray): The Sigmoid output from previous layer.
      """

      dZ_current = dA_current * self.derivative_sigmoid(Z_current)
      dW_current = np.dot(dZ_current, A_previous.T) / self._m
      dB_current = np.sum(dZ_current, axis=1, keepdims=True) / self._m
      dA_previous = np.dot(W_current.T, dZ_current)
      return dA_previous, dW_current, dB_current
  def backward_propagation(self):
```

```
    """

    This function performs a complete round of backward propagation to
update weights and bias.
    """

    gradients = {}
    self.forward_propagation()
    Y_hat = self._A_current.copy()
    Y_train = self.y_train.copy().reshape(1, self._m)
    dA_previous = - (np.divide(Y_train, Y_hat) - np.divide(1 - Y_train, 1 -
Y_hat))
    for i in reversed(range(dl._n_layers - 1)):
        dA_current = dA_previous
        A_previous = self._cache["A{}".format(i)]
        Z_current = self._cache["Z{}".format(i + 1)]
        W_current = self._parameters["W{}".format(i + 1)]
        B_current = self._parameters["B{}".format(i + 1)]
        dA_previous, dW_current, dB_current = self.single_layer_backward_
propagation(dA_current, W_current, B_current, Z_current, A_previous)
        gradients["dW{}".format(i + 1)] = dW_current
        gradients["dB{}".format(i + 1)] = dB_current
    self._gradients = gradients
  def cross_entropy(self):
    """

    This function returns the cross entropy given weights and bias.
    """

    Y_hat = self._A_current.copy()
    self._Y_hat = Y_hat
    Y_train = self.y_train.copy().reshape(1, self._m)
    ce = -1 / self._m * (np.dot(Y_train, np.log(Y_hat).T) + np.dot(1 - Y_
train, np.log(1 - Y_hat).T))
```

```
        return ce[0, 0]
    def accuracy_score(self):
        """

        This function returns the accuracy score given weights and bias.
        """

        p_pred = self._Y_hat.ravel()
        y_pred = np.where(p_pred > 0.5, 1, 0)
        y_true = self._y_train
        accuracy = (y_pred == y_true).sum() / y_pred.size
        return accuracy
    def gradient_descent(self):
        """

        This function performs vanilla gradient descent to update weights and
bias.
        """

        for i in range(self._n_layers - 1):
            self._parameters["W{}".format(i + 1)] -= self._learning_rate * self._
gradients["dW{}".format(i + 1)]
            self._parameters["B{}".format(i + 1)] -= self._learning_rate * self._
gradients["dB{}".format(i + 1)]
    def fit(self, X_train, y_train, epochs=100000, learning_rate=0.001):
        """

        This function uses multiple rounds of forward propagations and
backward propagations to optimize weights and bias.
        Args:
            X_train (ndarray): 2d-array for feature matrix of training data.
            y_train (ndarray): 1d-array for target vector of training data.
            epochs (int): The number of iterations to update the model weights.
            learning_rate (float): The learning rate of gradient descent.
        """
```

```python
        self._X_train = X_train.copy()
        self._y_train = y_train.copy()
        self._learning_rate = learning_rate
        loss_history = []
        accuracy_history = []
        n_prints = 10
        print_iter = epochs // n_prints
        for i in range(epochs):
            self.forward_propagation()
            ce = self.cross_entropy()
            accuracy = self.accuracy_score()
            loss_history.append(ce)
            accuracy_history.append(accuracy)
            self.backward_propagation()
            self.gradient_descent()
            if i % print_iter == 0:
                print("Iteration: {:6} - cost: {:.6f} - accuracy: {:.2f}%".format(i, ce,
accuracy * 100))
        self._loss_history = loss_history
        self._accuracy_history = accuracy_history
    def predict_proba(self, X_test):
        """

        This function returns predicted probability for class 1 with weights of
this model.
        Args:
            X_test (ndarray): 2d-array for feature matrix of test data.
        """

        X_test_T = X_test.copy().T
        A_current = X_test_T
        for i in range(self._n_layers - 1):
```

```
        A_previous = A_current
        W_current = self._parameters["W{}".format(i + 1)]
        B_current = self._parameters["B{}".format(i + 1)]
        A_current, Z_current = self.single_layer_forward_propagation(A_
previous, W_current, B_current)
        self._cache["A{}".format(i)] = A_previous
        self._cache["Z{}".format(i + 1)] = Z_current
    p_hat_1 = A_current.copy().ravel()
    return p_hat_1
  def predict(self, X_test):
    p_hat_1 = self.predict_proba(X_test)
    return np.where(p_hat_1 > = 0.5, 1, 0)
```

DrMaster •

深度學習音訊新領域

博碩文化

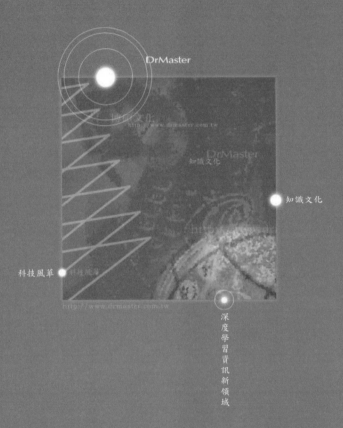

DrMaster

知識文化

科技風華

深度學習資訊新領域